21世纪全国高职高专建筑设计专业技能型规划教材

室内设计基础

主　编　李书青
副主编　蒋中午　弓　萍
参　编　董少卿　秦风硕　李　竞
　　　　夏峰华　王艳陶　高丽燕
主　审　魏　宁

北京大学出版社
PEKING UNIVERSITY PRESS

内 容 简 介

本书反映国内外室内装饰工程市场与室内装饰设计行业的最新动态，结合大量真实案例图片，以具体工程案例设计的全过程为导向，系统地阐述了室内设计的主要原理和方法，包括室内设计概述、室内设计构思与创意、室内设计风格、室内空间设计、室内界面设计、室内色彩设计、室内光环境设计、室内家具设计、室内细部设计和后期配饰等基础知识。

本书采用全新体例编写。除附有大量工程案例外，还增加了知识链接、特别提示等模块。既强调对学生理论知识的培养，对新理念、新思维、新观点、新方法的把握，又注重实践能力的培养。通过对本书的学习，学生可以掌握室内设计的基本原理和方法，具备室内设计的创意思维与实践能力。

本书既可作为高职高专院校环境艺术专业、室内设计专业、建筑装饰专业、装饰艺术设计专业以及其他相关专业的教材和指导书，也可作为本科院校、成人高校室内设计专业及其相关专业的教材和参考书。

图书在版编目(CIP)数据

室内设计基础/李书青主编. —北京：北京大学出版社，2009.8
(21世纪全国高职高专建筑设计专业技能型规划教材)
ISBN 978-7-301-15613-1

Ⅰ.室… Ⅱ.李… Ⅲ.室内设计—高等学校：技术学校—教材 Ⅳ.TU238

中国版本图书馆CIP数据核字(2009)第131666号

书　　　名：	室内设计基础
著作责任者：	李书青　主编
策划编辑：	赖　青　杨星璐
责任编辑：	杨星璐
标准书号：	ISBN 978-7-301-15613-1/TU·0094
出　版　者：	北京大学出版社
地　　　址：	北京市海淀区成府路205号　100871
网　　　址：	http://www.pup.cn　http://www.pup6.com
电　　　话：	邮购部 62752015　发行部 62750672　编辑部 62750667　出版部 62754962
电子邮箱：	pup_6@163.com
印　　刷　者：	北京虎彩文化传播有限公司
发　行　者：	北京大学出版社
经　销　者：	新华书店
	787mm×1092mm　16开本　8.75印张　200千字
	2009年8月第1版　2020年1月第8次印刷
定　　　价：	49.00元

未经许可，不得以任何方式复制或抄袭本书之部分或全部内容。
版权所有，侵权必究。　举报电话：010-62752024
电子邮箱：fd@pup.pku.edu.cn

前言

本书为21世纪全国高职高专建筑设计专业技能型规划教材之一。为适应职业技术教育发展需要，培养具备创意、设计、施工、管理等能力的室内设计行业技术人才，我们结合当前室内设计的现状及未来发展的前沿问题编写了本书。

本书内容共分9章，主要包括室内设计概述、室内设计构思与创意、室内设计风格、室内空间设计、室内界面设计、室内色彩设计、室内光环境设计、室内家具设计、室内细部设计和后期配饰等内容。此外，为便于学生学习，在章节后链接了一些相关知识点，以帮助学生在课后扩大知识面提供线索。

本书突破了已有相关教材纯理论或纯图片的知识框架，注重理论与实践相结合，采用全新体例编写。内容精炼，图文并茂，案例丰富，并附有多种类型的习题供学生选用。

本书内容可按照48～80学时安排，推荐学时分配：第1章2～4学时，第2章6～12学时，第3章6～8学时，第4章6～10学时，第5章6～10学时，第6章6～10学时，第7章6～10学时，第8章6～10学时，第9章4～6学时。教师可根据不同的专业灵活安排学时，课堂重点讲解每章主要知识模块，章节中的知识链接、应用案例和习题等模块可安排学生课后阅读和练习。

本书由石家庄铁路职业技术学院李书青任主编，石家庄铁路职业技术学院蒋中午、焦作大学弓萍任副主编，全书由石家庄铁路职业技术学院李书青统稿。具体编写分工为：石家庄铁路职业技术学院李书青编写第2章和第5章，蒋中午编写第7章；焦作大学弓萍编写第8章；衡水职业技术学院董少卿编写第1章；山东外国语职业学院秦风硕和石家庄铁道学院四方分院王艳陶共同编写第3章；邢台职业技术学院李竞编写第4章；滨州职业学院夏峰华编写第6章；滨州职业学院高丽燕编写第9章。石家庄盛世美家设计工作室设计师魏宁对本书进行了认真详细的审阅，并提出了很多具体而宝贵的修改意见，对本书的编写工作提供了很大的帮助，在此表示衷心的感谢！

由于学术水平有限，本书难免有很多不足之处尚待改进，恳请有关专家和广大读者提出宝贵的意见和建议，以求本书更加完善。

编 者

2009年3月

目录

第1章　室内设计概述.................1
1.1　室内设计的概念.................2
1.2　室内设计的分类.................3
1.3　室内设计的发展.................7
1.4　室内设计现状及发展趋势.........12
本章小结.................15
习题.................15

第2章　室内设计构思与创意...........16
2.1　室内设计的思维方法和程序步骤...17
2.2　室内设计构思的切入点...........21
本章小结.................31
习题.................31

第3章　室内设计风格.................32
3.1　风格概述.................33
3.2　风格应用实例分析.................34
3.3　风格设计中的误区.................40
本章小结.................41
习题.................41

第4章　室内空间设计.................42
4.1　空间的类型.................44
4.2　空间的分隔.................49
4.3　空间的序列.................51
本章小结.................53
习题.................53

第5章　室内界面设计.................55
5.1　室内界面的设计要求和功能特点....56
5.2　室内界面的构成方式.................57
5.3　室内空间界面的设计原则与要点....60
5.4　空间界面的处理手法.................67
本章小结.................70
习题.................70

第6章　室内色彩设计 72
6.1　色彩对人的影响和作用 73
6.2　室内色彩的基本要求 77
6.3　室内色彩的设计方法 79
本章小结 83
习题 83

第7章　室内光环境设计 85
7.1　光的基本概念 86
7.2　室内光环境的设计原则 90
7.3　室内光环境的设计程序 91
7.4　室内光环境的评价 99
本章小结 99
习题 100

第8章　室内家具设计 101
8.1　家具与室内设计 102
8.2　家具与人体工程学 104
8.3　家具的作用和分类 106
8.4　家具的选用 113
本章小结 120
习题 120

第9章　室内细部设计和后期配饰 121
9.1　室内细部设计 122
9.2　后期配饰设计 126
本章小结 131
习题 131

参考文献 132

第1章 室内设计概述

教学目标

通过学习室内设计概述,主要掌握室内设计的概念;掌握室内设计的分类;了解室内设计的发展简史,每个发展阶段室内设计的特征及其对现代室内设计的影响;了解室内设计的现状和发展趋势;对室内设计有基本的认识和了解。

教学要求

能力目标	知识要点	权重
✦ 掌握室内设计的概念	✦ 室内设计是建筑内部空间的环境设计	20%
✦ 掌握室内设计的分类	✦ 居住建筑室内设计公共建筑室内设计工业和农业建筑室内设计	30%
✦ 了解中外室内设计的发展	✦ 重要历史时期室内设计的风格特征	30%
✦ 了解室内设计现状和发展趋势	✦ 室内设计现状、流行风格和发展趋势	20%

引 例

人们的生活离不开环境，人们的居住空间是生活环境的一部分。一个好的室内设计应该与其所处环境构成一个完整的和谐空间。

根据下面赖特的流水别墅（图1.1、图1.2）体会室内设计与所处环境的和谐关系。

图1.1　流水别墅　　　　　　　　图1.2　流水别墅室内

随着人们物质生活水平的不断提高，生活与工作环境的极大改善，人们开始越来越重视和关注精神生活的质量，对其生活和工作环境提出了更高层次的要求，审美情趣也在不断发生变化。追求个性特色，追求审美意境，追求健康的家居环境已成为时代的潮流。

1.1　室内设计的概念

室内设计又称室内环境设计，20世纪60~70年代后在世界范围内真正确立。室内设计是一门复杂的综合学科，它涉及建筑学、社会学、民俗学、心理学、人体工程学、结构工程学、建筑物理学以及建筑材料学等多种学科，更涉及家具、陈设、装饰材料、工艺美术、绿化、造园艺术等多个领域。

所谓室内，是指建筑的内部空间。组成室内的实质是空间而非建筑，也就是说室内的本质是空的，需要我们考虑和设计的就是空间。

设计（Design）是指有目的的创造性的活动。设计为人服务，在满足人的生活需求的同时又规定并改变着人的行为活动和生活方式。

室内空间的活动主体是人，所以室内设计是"以人为本"的空间设计。现代室内设计就是为了满足人们的各种行为需求，运用一定的物质技术手段与艺术手段，根据空间的使用性质和所处环境，对建筑的内部空间进行规划和组织，从而创造有利于使用者物质功能需要与精神功能需要的安全、卫生、舒适、优美的建筑内部环境。

室内设计是环境艺术设计的一部分。室内设计不是孤立的艺术，与之联系最紧密的当数建筑设计。建筑设计是室内设计的基础，而室内设计是建筑设计的继续和深化。室内设计的重要特点是它的空间性，它不像建筑设计及一般几何造型那样，以实体构成为主要目的，而是在建筑限定的空间内再进行分割，进一步完善和丰富建筑设计的空间和层次。所以，如果在建筑设计阶段，室内设计师就与建筑设计师进行合作，将有利于室内设计师创造出更理想的室内使用空间。

> **特别提示**
>
> 室内设计是建筑内部空间的环境设计。在进行室内设计时，一定要树立整体的设计观念，注意与建筑设计的整体协调。

1.2 室内设计的分类

室内设计涉及的内容非常广泛和丰富，了解和掌握了它的分类有利于我们有针对性地开展工作。室内设计分类的依据不同，划分种类也不同。

按使用功能划分为：居住建筑室内设计、公共建筑室内设计、工业建筑室内设计和农业建筑室内设计。

按使用周期划分为：短期装修的室内设计、中期装修的室内设计、永久装修的室内设计。

按投资标准划分为：经济型的装修投资的室内设计、适用型的装修投资的室内设计、综合型的装修投资的室内设计。

通常我们所说的室内设计的分类是指按使用功能所划分的，与建筑设计分类相同。下面我们将重点介绍一下居住建筑室内设计和公共建筑室内设计。

1.2.1 居住建筑室内设计

居住建筑室内是人们生活的重要空间，体现着人们个性化的生活理念。创造一个科学的、舒适的居住环境，将有利于提高人们的生活质量（图1.3）。它包括以下几种类型。

图1.3 居住建筑室内设计

1. 单元式住宅

单元式住宅又称为梯间式住宅，是以一个楼梯为几户服务的单元组合体，住户由楼梯平台直接进入分户门，每个楼梯的控制面积就称为一个居住单元。

2. 公寓式住宅

公寓式住宅是相对于独院独户的西式别墅住宅而言的。公寓式住宅一般建在大城市，大多数是高层大楼，标准较高，每一层内有若干单户使用的套房，包括卧室、起居室、客厅、浴室、厕所、厨房、阳台等，还有一部分附设于旅馆酒店内，供往来的客商及家眷中短期租用。

3. 别墅式住宅

一般都是带有花园、草坪和车库的独院式平房或二三层小楼，建筑密度很低，内部居住功能完备，装修豪华并富有变化，住宅水、电、暖供给一应俱全，户外道路、通讯、购物、绿化也有较高的标准。

4. 集体宿舍

宿舍是一个集休息、娱乐、学习、工作的多功能空间。它既具有集体性，同时又具有一定的私密性，必须平衡好各种关系，才能保持和谐的环境。

1.2.2 公共建筑室内设计

公共建筑为人们提供进行各种社会活动所需要的公共生活空间。在建造中需要保证公众使用的安全性、合理性和社会管理的标准化。它除了要保证满足技术条件外，还必须严格地遵循一些标准、规范与限制。公共建筑包括商业建筑、旅游建筑、办公建筑、医疗建筑、观演建筑、文教建筑、体育建筑、展览建筑、交通建筑和科研建筑等。

1. 商业建筑

商业建筑是城市公共建筑中量最大、面最广的建筑，并且广泛涉及居民的日常生活，是反映城市物质经济生活和精神文化风貌的窗口（图1.4）。它的室内空间环境的设计以激发消费者购物欲望和方便购物为原则，具有良好的声、光、热、通风等物理环境和得当的视觉指示引导。商业建筑包括商店、自选商场、超市、综合型购物中心等。

图1.4 商业建筑室内设计

2. 旅游建筑

旅游建筑具有环境优美、交通方便、服务周到、风格独特等特点。在设计上应具备现代化设施，并能反映民族特色、地方风格和浓郁的乡土气息，使游人在旅游过程中不仅能有舒适的生活，还可以了解地方特色，丰富旅游生活。旅游建筑包括酒店、饭店、宾馆、度假村等。

3. 办公建筑

办公建筑是现代都市中最富设计特色和科技含量的代表性建筑。办公建筑室内各类用房的布局、面积比、综合功能以及安全疏散等方面的设计都应当根据办公楼的使用性质、建筑规模和相应标准来确定。现代办公建筑更趋向于重视人及人际活动在办公空间中的舒适感及和谐氛围的处理。而新形式办公方式的出现也促使办公建筑新设计的形成。办公建筑主要指各种办公大楼，如机关、企事业单位办公楼等（图1.5）。

4. 医疗建筑

满足医疗功能和先进医疗设备技术的要求，以人为本，营造病人及医护人员治疗、享受的生活环境，是医疗建筑设计的重点。这不仅是对病人心理上的满足，同时还树立了很好的自身形象。医疗建筑主要有医院、门诊部、疗养院等。

5. 观演建筑

观演建筑是人们文化娱乐的重要场所，其中包括电影院、剧场、杂技场、音乐厅等。此类建筑的设计应具有良好的视听条件，能够创造高雅的艺术氛围，并且建立舒适安全的空间环境（图1.6）。

6. 文教建筑

文教机构是"育人"场所，它的建筑要体现其文化性的特点。在满足教育功能需要的同时，需进一步注重育人环境的营造，针对不同年龄段的人群主体，创造不同层次的育人环境。在设计中以不同的建筑布局、空间组织、色彩运用等建筑手法，融安全性、教育性、艺术性为一体，体现出人文精神、时代特点和独特风格。文教建筑包括幼儿园、学校、图书馆等。

图1.5 办公建筑室内设计

图1.6 观演建筑室内设计

图1.7 体育建筑室内设计

7.体育建筑

随着社会、经济的发展和人民生活水平及生活质量的提高，人们对健身、休闲提出了更高的要求，体育设施进入了一个新的建设高潮。体育建筑的设计应根据其类别、等级、规模、用途和使用特点，重点定位为几个方面：标识引导系统、安全性控制标准化系统、色彩系统、照明系统、视线控制、装饰的持久性、无障碍设计及商业运营。同时应确保其使用功能、安全、卫生、技术等方面的达标。体育建筑包括各类体育场馆、游泳场、健身房等（图1.7）。

8.展览建筑

图1.8 展览建筑室内设计

展览建筑是一个国家经济发展水平、社会文明程度的重要标志，承载着人们对城市和历史的记忆与理解。在深入研究展览建筑的文化性、艺术性以及功能要求的基础上，还要考虑建筑形态与周边环境的融合。建筑空间布置合理，参观路线清晰，能很好地引导参观者的走向。应充分利用建筑自身特点来最大限度的满足展览馆的功能要求和参观者的使用要求。展览建筑包括美术馆、展览馆、博物馆等（图1.8）。

9.交通建筑

交通建筑是人员密集的公共场所，包括车站、候机楼、码头等。在交通建筑的设计中，应遵循简捷、健康、安全、环保的原则。车站入口、通道、站厅、站台、地铁站空间的组织布局，都应该简洁、明确，方便旅客识别。室内空间组织、界面处理和设施配置等方面，也应有利于人们的身心健康。

10.科研建筑

科研建筑包括研究所、科学实验楼等。科研建筑的设计既要满足使用者对建筑空间的功能需求，也要考虑使用者的精神需求。因为宜人的建筑空间设计对于改善科研人员的工作状态，激发科研人员的灵感有着积极的作用。

> **特别提示**
>
> 不同的室内空间设计首先要对其功能进行分析，功能分析得越细致全面，设计才能越到位。当设计的针对性与目的性明确之后，设计工作才能顺利展开，并为后期工作做好充分的准备。

1.3 室内设计的发展

室内设计是一门新兴的学科，但是早在原始社会，人们就已经开始有意识地对自己的居住空间进行合理规划及装饰，以营造温馨舒适的室内氛围。室内设计的发展与建筑的发展有着密切的联系。

1.3.1 中国古代室内设计的发展

中国原始社会的西安半坡人的居住空间已经有了科学的功能划分，且对装饰有了最初的运用。根据西安半坡遗址（图1.9）资料显示，原始人已经意识到对居住空间的空间分隔和装饰美化。夏商周时期的宫殿建筑比较突出。建筑空间秩序井然，严谨规整，宫室里装饰着朱彩木料，雕饰白石等。春秋战国时期砖瓦及木结构装修上有新发展，出现了专门用于铺地的花纹砖。春秋时期思想家老子的《道德经》中提出"凿户牖以为室，当其无，有室之用，故有之以为利，无之以为用"的哲学思想，揭示了室内设计中"有"与"无"之间互相依存、不可分割的关系。秦汉时期，中国封建社会的发展达到了第一次高峰，建筑规模体现出宏大的气势。壁画在此时已成为室内装修的一部分。而丝织品以帷幔、帘幕的形式参与空间的分隔与遮蔽，增加了室内环境的装饰性，而此时的家具也丰富起来，有床榻、几案、茵席、箱柜、屏风等几大类。隋唐时期是我国封建史上的第二个高峰，室内设计开始进入以家具为设计中心的陈设装饰阶段，家具形式普遍采用垂足坐的习惯，室内家具设计极为多样化。建筑结构和装饰结合完美，风格沉稳大方，色彩丰

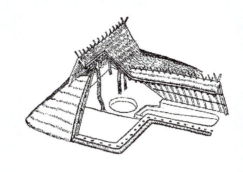

图1.9 方形穴居复原图

富，装修精美，体现出一种厚实的艺术风格（图1.10）。宋朝是文人的时代，当时的室内设计气质秀雅，装饰风格简练、生动、严谨、秀丽。明清时期封建社会进入最后的辉煌，建筑和室内设计发展达到了新的高峰。室内空间具有明确的指向性，根据使用对象的不同而具有一定的等级差别。室内陈设更加丰富和艺术化，室内隔断形式在空间中起到重要的作用。这个时期的家具工艺也有了很大发展，成为室内设计的重要组成部分（图1.11）。

几千年的文化一脉相承，而我们的祖先又过早地确立了儒家思想的统治地位，礼义、道德、宗法观念深入人心而且几千年来根深蒂固，无可动摇，这使得家居生活很早就步入了秩序化、规范化的阶段，室内空间的布置一律严格遵循长幼有序、尊卑有别的原则。同时，由于古人崇尚的最高美学追求是"神韵"，因而在布置室内空间的时候，他们在悬挂字画、选用器皿、房间色彩等方面下足了功夫，使得室内空间在总体上呈现出典雅、古朴的美学特征。虽然各个时代的具体形式会不同，但严谨的整体布局和古雅的审美情趣却从未变过。

1.3.2 西方古代室内设计的发展

在西方，各民族间的文化入侵和毁灭现象经常发生，使得西方文化失去了延续性，因而不同时期的艺术会呈现出迥然各异的风格和倾向。建筑风格的变化是各个时期文化潮流的集中体现，室内设计则敏感地反映着这些时代潮流。

古希腊是整个西方文明的摇篮，典型的建筑是神庙，单纯、典雅、和谐构成了

图1.10　隋唐壁画中描绘的当时的室内设计

图1.11　明清江南民居——周庄沈厅室内设计

希腊古典风格。多立克、爱奥尼克、科林斯是希腊风格的典型柱式，"柱式"作为典范也成为西方古典建筑室内装饰设计特色的基本组成部分。如古希腊帕提农神庙（图1.12）整体特征为端庄典雅、亲切开朗、讲究构图、施工精确、精雕细刻。古罗马人继承了古希腊人的建筑传统，并且发展到西方古代社会的一个顶峰。这个时期公共建筑大规模出现，装饰手法丰富多样，整体上呈现出强大帝国所具有的恢弘气势。哥特建筑在艺术上表现为有着尖拱、拱肋和飞扶壁的体系，构图具有强烈的垂直感。窗饰喜用彩色玻璃镶嵌，呈现出斑斓富丽、精巧迷幻的效果（图1.13）。哥特风格体现了自然主义、浪漫主义的倾向。之后伟大的文艺复兴思潮引发了建筑方面的改革，文艺复兴中的理性精神，同时也成为建筑，乃至室内装饰的主导思想（图1.14）。这种精神不是为了复古，而是为了创新，这种风格也不是对古典形式的简单继承和模仿，而是展示一种"伟大的静穆与高贵的单纯"的古典美。巴洛克建筑是17～18世纪在意大利文艺复兴建筑基础上发展起来的一种建筑和装饰风格。其特点是外形自由，追求动态，喜好富丽的装饰和雕刻、色彩强烈且用金色予以协调，常用穿插的曲面和椭圆形空间。在室内，将绘画、雕塑、工艺集中于装饰和陈设艺术上（图1.15）。洛可可样式是继巴洛克样式之后在欧洲发展起来的样式，但洛可可样式轻快、华丽，室内装饰造型高耸纤细，不对称，多使用形态方向多变的漩涡形曲线、弧线，色彩充满柔媚的气息。室内装修造型优雅，制作工艺、结构、线条具有婉转、柔和等特点，以创造轻松、明朗、亲切的空间环境（图1.16）。

图1.12　古希腊帕提农神庙

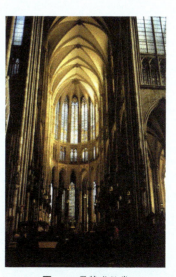

图1.13　哥特式教堂

图1.14 意大利文艺复兴的纪念碑——罗马圣波得大教堂

图1.15 巴洛克风格室内空间　　　　　　图1.16 洛可可风格室内空间

1.3.3 近现代室内设计的发展

人类社会已步入工业化社会、信息化社会，生产方式和社会结构的巨大变革对设计产生了巨大的影响。建筑领域出现了前所未有的革命，新技术、新材料、新建筑、新观念层出不穷，以现代主义及随后出现的后现代主义最为典型。

现代主义起源于1919年成立的包豪斯学派，该学派提倡客观地对待现实世界，在创作中强调以认识活动为主，极力反对从古罗马到洛可可等一系列旧的传统样式，力求创造出适应工业时代的精神，推进现代工艺技术和新型材料的运用。在建筑和室内设计方面，强调突破旧传统，提出与工业社会相适应的新观念，创造新建筑，重视功能和空间组织，注意发挥结构构成本身的形式美，造型简洁，反对多余装饰，崇尚合理的构成工艺，尊重材料的性能，讲究材料自身的质地和色彩的配置效果。室内设计从而发展为非传统的以功能布局为依据的不对称的构图手法，材质上偏重使用金属、玻璃等新材料，加工精细，色彩单纯、沉稳、冷静。代表人物有沃尔特·格罗皮乌斯、勒·柯布西耶、密斯·凡·德罗和弗兰克·劳埃德·赖特等。代表作品有沃尔特·格罗皮乌斯设计的包豪斯校舍（图1.17）、勒·柯布西耶设计的朗香教堂（图1.18）、密斯·凡·德罗设计的范思沃斯别墅（图1.19）、赖特设计的流水别墅（图1.1、图1.2）等。

图1.17 包豪斯校舍 沃尔特·格罗皮乌斯[德]

图1.18 朗香教堂 勒·柯布西耶[瑞士]

图1.19 范思沃斯别墅 密斯·凡·德罗[德]

20世纪后半叶至今，设计师们对在世界范围产生巨大影响的、完全脱离传统的现代主义进行了反思，人们开始追求各种各样的设计方式，其中后现代主义作为一种较为完整的设计体系在建筑设计领域产生了很大的影响。美国建筑师斯特恩提出后现代主义建筑有三个特征：采用装饰；具有象征性或隐喻性；与现有环境融合。从形式上讲，后现代主义是一股源自现代主义但又反叛现代主义的思潮，它与现代主义之间是一种既继承又反叛的关系；从内容上看，后现代风格强调建筑及室内装饰应具有历史的延续性，但又不拘泥于传统的逻辑思维方式，探索创新造型手法，讲究人情味，常在室内设置夸张、变形的柱式和断裂的拱券，或把古典构件的抽象形式以新的手法组合在一起，即采用非传统的混合、叠加、错位、裂变等手法和象征、隐喻等手段，以期创造一种融感性与理性、集传统与现代、揉大众与行家于一体的室内环境。

> **特别提示**
>
> 掌握中外室内设计的发展历史及风格的演变过程，为我们的设计起指引方向的作用，可以让我们找到室内设计的切入点。我们应该也必须知道师法古人之后才可到达师法自然的境界，记住几个历史名词不等于了解历史，重要的是从不同的角度、不同的层次深入历史，提取精华，并加以简化运用和继承发扬。

1.4 室内设计现状及发展趋势

1.4.1 室内设计的现状

室内设计在中国是一个朝气蓬勃的新兴行业。改革开放前，人们并不重视室内设计。20世纪70年代末到80年代初，随着我国改革开放政策的实行，经济快速增长，城市建设迅速发展，室内设计初具规模。20世纪90年代中期开始，室内设计思想得到了很大的解放，人们开始追求各种各样的设计方式，对室内空间的要求不再简简单单，而是加强了对居住环境的要求，开始对家具、设施、艺术品、灯具、绿化、采暖、通风等加以装饰。近年来，在经历思想与品位演变的艰辛历程之后，已经把人们的情感和室内设计紧密地结合在一起，注重灵性空间的设计，在满足实际需要的同时，注重对美的追求，使人们在一定的空间里身心舒逸。进入21世纪后，随着高度信息化时代的到来，图形技术、仿真技术、多媒体技术、网络技术等方面得到了迅速发展，室内设计更呈现出多元性和复合性的特点。

然而，我国的室内设计的整体水平不高，尚待提升，地域性与个性设计需要探索，设计还没形成自己的文化形态。从我国目前室内设计状况上看，存在以下弊端。

（1）多数从业者知识结构不健全。真正懂得设计并按设计规范、行业规律实施的人很少。

（2）缺乏创新精神。很多设计师只看重表层的形式，而不是深层次的精神，缺乏大胆的探索和积极的创新。设计不应是简单的"抄袭"或不顾环境和建筑类型的"套用"。

（3）缺乏整体环境意识。我国的室内设计总的来说缺乏整体环境意识，对所设计室内空间内外环境的特点，以及建筑的使用功能、类型考虑不够。

室内设计作为一门应用艺术，在不断吸取全新艺术气息的同时，也应紧随社会进步与时代发展，加强国内、国际行业交流，对"人—空间—环境"的关系进行科学化、艺术化的协调。针对不同的人、不同的使用对象，相应的考虑不同的要求，设计出集功能性和审美性于一体的和谐空间环境，使我国的室内设计更快地走上更高的阶梯。

1.4.2 室内设计的发展趋势

随着社会的发展和时代的推移，人们对室内设计的要求越来越高，人们更加注重通过色彩、结构、风格等一切空间元素的整合，体现室内环境的人性内涵和人文效果。现代室内设计有向多层次化、多风格化的发展趋势。

1. 和谐设计

现代社会中，人们追求高品质的生活环境，室内设计创造和规划着人们的生活环境，完美的室内设计是空间与人和谐共处。以居住舒适和谐为主，"以人为本"是室内设计的本源。室内环境的"和谐"更体现了人性化和人文化的主题。通过环境与空间的和谐、人与空间的和谐、人与空间和环境的和谐等，使人们在视觉上感受到一种情感上的呼应，心理上获得宁静、平和的满足，生活压力得到缓解。国际著名建筑大师赖特的流水别墅就是和谐设计的杰出代表。

2. 绿色环保设计

绿色环保设计是人们对自然、健康的人性追求，也是可持续发展的生态节能的设计。主要体现在节约能源、节约资源、材料环保以及新能源的开发和利用等方面。其设计应以可持续发展为目标、以生态学为基础、以人与自然和谐为核心，利用现代科学技术手段，创造出健康、高效、文明、舒适的人居环境。

3. 整体艺术化设计

室内环境设计是门整体艺术，它是空间、形体、色彩以及虚实关系的把握，意境创造的把握以及与周围环境的关系协调。随着社会物质财富的丰富，人们应该从"物的堆积"中解放出来，使各种物件之间存在统一的整体美。许多成功的室内设计都是在艺术上强调整体统一的。

4. 高度现代化设计

随着科学技术的发展，在室内设计中采用大量现代高科技手段，使设计达到最佳声、光、色、形的匹配效果，实现高速度、高效率、高功能，创造出理想的值得人们赞叹的高度现代化空间环境。

5. 高度民族化设计

室内设计的发展既讲现代，又讲传统。设计师应致力于高度现代化与高度民族化相结合的设计体现，注重传统文化元素的运用，从而使传统风格浓重而新颖，用高度现代化的设备、材质、工艺，使人们在现代化室内空间中体会到传统的韵味，例如新古典主义风格室内设计中就是把传统元素的精髓加以提炼、简化，并用新的材料和工艺加以体现（图1.20）。

6. 个性化设计

个性化设计是为了打破千篇一律的同一化模式。一种设计手法是把自然引进室内，室内外通透或连成一片。另一种设计手法是打破水泥方盒子，用斜面、斜线或曲线装饰，打破水平垂直线以求得变化。还可以利用色彩、图画、图案以及玻璃镜面的反射来扩展空间等，打破千人一面的冷漠感，通过精心设计，给每个家庭居室以个性化的特征。

7. 回归自然化设计

随着环境保护意识的增长，人们向往自然，渴望住在天然绿色环境中。设计师们常运用具象和抽象的设计手法创造新的肌理效果，在住宅中创造田园的舒适气氛，强调自然色彩和天然材料的应用，采用许多民间艺术手法和风格，在"回归自然"上下工夫，打破室内外的界限，使人们联想到自然，感受大自然的温馨，身心舒逸（图1.21）。

图1.20　新古典主义风格室内设计

图1.21　回归自然化设计

8.高技术高情感化设计

高技术与高情感相结合，既重视科技，又强调人情味。目前的室内设计在艺术风格上追求频繁变化，新手法、新理论层出不穷，呈现五彩缤纷，不断探索创新的局面。最近，国际上先进国家的室内设计正在向高技术、高情感方向发展。

特别提示

作为设计师，只有把握时代的脉搏，掌握室内设计的时尚潮流和未来发展趋势，才能设计出优秀的作品。我们从师法古人到师法自然，要从不同角度、不同层次从历史中学习，提取精华，并以现代的设计视角把握室内设计的时代特征。

本章小结

室内设计是根据建筑物的使用性质、所处环境和相应标准，运用物质技术手段和建筑设计原理，创造功能合理、舒适优美、满足人们物质和精神生活需要的室内环境。这一空间环境既具有使用价值，满足相应的功能要求，同时也反映了历史文脉、建筑风格、环境气氛等精神因素。室内设计在不同国家、地域，不同时期得到了不同程度的发展，也呈现出大相径庭的面貌和特色。随着时代的不断发展、人们审美能力的不断提高和设计师设计水平的不断提升，未来的设计会呈现出更为精彩的前景。

习 题

1. **简答题**
   - （1）简述室内设计的概念和分类。
   - （2）简述巴洛克风格和洛可可风格有什么不同。
2. **案例分析题**

   结合图1.22和图1.23分析室内设计的风格及其设计元素。

图1.22

图1.23

第2章 室内设计构思与创意

教学目标

通过学习室内设计构思与创意,应掌握室内设计的思维方法和程序步骤,能够运用系统的设计思维对室内空间环境进行综合策划设计,根据理论概念抓住项目设计要点,发掘设计的切入点。

教学要求

能力目标	知识要点	权重
✦ 掌握室内设计方法	✦ 多元化、系统化、创新方法、优选方法	20%
✦ 掌握室内设计程序	✦ 室内设计的程序步骤	40%
✦ 根据项目特点找准设计的切入点	✦ 室内设计的综合提炼	40%

 引 例

一个具体的工程设计方案,从刚开始创意思维的建立,从创意构思的几个切入点开始,经过系统梳理、感性创新、理性选择以至逐渐地成熟,才能形成一个完整的方案。

试以本班教室空间为例,按照室内设计程序,进行空间分析,独立搜集资料信息,进行居室创新设计。

2.1 室内设计的思维方法和程序步骤

2.1.1 室内设计的思维方法

室内设计中最重要的是展现个性和亮点。而亮点从何而来?创意。只有好的创意才具有强烈的艺术感染力,得到业主的认可和欣赏。创意是一种思维方法,是将多样化的思维渠道获得的大量知识信息,经过综合系统化的整理,或经过敏锐感性的感悟创新,或经过有条不紊的理性分析,捕捉设计思维的闪光点和亮点,从而设计出新颖、独特、有创意的作品。

1. 信息多元化

室内设计中涉及多个学科的知识,一个好的设计师不仅要具备较好的专业设计知识、设计表现能力,了解装饰材料、结构构造、施工技术知识,还要具备其他艺术理论素养,例如历史文化修养、民俗文化修养、时尚文化修养、艺术品鉴赏修养以及良好的职业修养等。设计创作是一个非常艰辛的工作,做每一项设计都要经过大量的资料收集过程,这样才会让思路更丰富,灵感更踊跃。

2. 综合系统化

当面对大量的资料、信息要处理时,应该先综合考虑设计项目的各方面情况,例如外环境、建筑风格、结构形式、门窗位置、空间尺寸、供水供电情况、下水位置、交通情况、楼梯形式等,再对每个方面进行系统的分析并梳理清晰,充分地利用有效的资料信息,解决项目中各个方面产生的问题,将信息条理化、系统化。

3. 感性创新

在将大量资料信息系统化的过程中,我们的大脑思维与各种资料信息、项目问题的分析碰撞很容易产生各种各样的灵感,一定要手随心动,利用画笔抓住这些稍纵即逝的灵感。这种感性创新一般是在打破习惯性思维的同时,变换角度,开阔视野,让思维处在完全自由的状态下,得到充分的发挥。

4. 理性选择

设计过程本身就是循序渐进的过程,在不断的创新思维过程中,不断地产生灵感,再不断地综合系统分析,结合设计项目的现实条件,配合其他各相关专业,将设

计思维活动回归理性。在不断的草图深化中选择符合综合分析结果以及切合实际需求的最终方案，这个时候一定要拿起理性的尺子来衡量每一个草案。

2.1.2 室内设计的程序步骤

1. 前期工作

1）设计任务

与甲方（业主）接洽，或接受委托任务书，或根据标书要求参加投标。

2）初步洽谈

与甲方（业主）初步洽谈，获取甲方（业主）信息，并与甲方（业主）交流意见看法，就设计任务和要求与甲方（业主）达成初步意向。根据甲方（业主）提出的要求或设计任务及工程招标书的要求，制订完成该项目的设计计划。

3）现场勘察

去工程现场进行实地调查勘测，了解设计项目现场的各个方面及细节的实际情况。例如工程项目的外环境、建筑风格、结构形式、门窗位置、空间尺寸、供水供电情况、下水位置、交通情况、楼梯形式等。

2. 设计草案

1）确定设计意图

全方位地理解甲方（业主）的设计意图，根据项目的功能要求和空间实际条件，扬长避短，经过对工程要求、投资情况、装修档次等方面进行系统分析，提炼出工程设计的切入点，从而确定设计的主导方向。

2）搜集资料

根据设计师自己了解到的工程项目相关信息和现场勘查的数据，进一步收集、分析资料，按照业主的委托任务书或者标书的要求，从室内设计的切入点出发构思立意，完成设计方案的初步设计。

3）设计草图

根据头脑中模糊、不确定的设计意象，通过草图方式表达出来，并将设计方案不断地完善和深化。设计草案一般包括设计理念说明、平面图、效果图、主材推荐表、设备推荐表以及家具推荐表等内容（图2.1）。

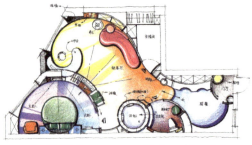

图2.1 某居室设计平面草图

4）工程估价

根据草图方案对工程进行估价。在此之前须对甲方（业主）拟投入的资金情况、资金的分配以及高、中、低档不同标准的资金分配进行细致的了解和分析，并充分了解和把握当地的材料种类与价格、材料市场流通与流行以及拟选用的色彩、质地、图案与相应材料的可行程度。

5）方案沟通

草图方案完成以后，最好跟甲方（业主）做进一步的沟通和交流。业主对设计草案做出评估和反馈。然后设计师根据业主的意见反馈对设计方案进行修改和确定。并在设计细节例如设计风格、总体布局、功能配置、经济档次等方面进一步达成共识。

3.设计实施

1）效果图绘制

根据初步的草图设计方案绘制更为具象的效果表现图，使设计中的创新点能得到充分地展现，从而得到甲方（业主）的认可。

2）方案确定

通过修改完成后的设计方案效果表现图进一步与甲方（业主）沟通探讨，经过充分的互动交流达成协议，并确定最后的设计方案。

3）施工图绘制

根据双方达成协议的设计方案，绘制详尽的施工图，其中包括封面、图纸目录、设计说明、平面布置图、地面铺装图、顶面图、立面图、电路图、构造节点详图、细部大样图、设备管线图等。

4）工程预算

根据绘制好的施工图纸和设计方案，编制施工说明和工程项目预算，明确设计变更要求。经甲方（业主）确认后，签订正式合同，并安排好开工日期。

5）施工图会审

签订完设计合同以后，按照设计程序与施工单位一起会审图纸，进行设计意图说明、图纸的技术交底。最好由业主、设计师、工程监理、施工负责人四方参与，在交底时全部到达施工现场，然后就图纸的施工要点、技术难点达成共识，并签署书面协议。

6）施工现场跟踪

根据工程施工现场的实际情况，进行必要的局部修改或补充，确保工程的施工质量和设计效果的实施。

7）竣工验收

合同质检部门和甲方（业主）或委托方进行工程验收，并签订《工程保修单》。

4.后期跟踪服务

根据《工程保修单》或《保修协议》所承诺的内容，公司对所施工工程进行定期回访，并在所承诺的保修期限内进行免费维修。

特别提示

作为一名优秀的室内设计师,一定要把握装饰市场的流行信息。例如正在流行的审美思潮,流行色彩,流行材料,流行搭配,流行产品和流行工艺等。

应用案例

分析一套居室空间设计的程序步骤。

1. 前期工作

前期工作中的核心任务就是与业主的相互交流和沟通,从而明确设计任务,了解业主的要求、喜好、愿望等。

1)设计任务

承接设计任务,通过公司或个人形象,如实诚恳地解答客户疑虑,与客户就居室设计做充分的沟通和交流,从而赢得客户的认同和信任。

2)初步洽谈

与业主初步洽谈,获取业主信息,例如业主的想法、职业、家庭成员、个人爱好、生活习惯、避讳事宜、宗教信仰等,并与业主交流意见看法,对设计任务和要求与业主达成初步意向,进而得到业主信任,收取设计定金。

3)收取设计定金

设计定金一般是设计费的5%~30%,因不同城市不同公司而异。这是为了保证家装公司和设计师的利益。一般业主在支付少量费用之后,绝大多数还是希望设计能够进行下去的。

4)现场勘察

收取定金以后,要尽快安排去业主的房屋进行实地调查勘测。先画出户型图,然后画出每个房间的立面图,标出尺寸。主要标明房间墙面尺寸(长、宽、高及地面高差)、门窗、暖气罩、梁柱、电源、煤气、水管、排水位置、马桶落水等细节。

2. 设计草案

1)确定设计理念

首先要根据业主的设计意图,确定家装的设计理念。根据客户提出的要求提炼核心要求,提出适当的设计想法,从而确定设计的主导方向。例如业主要是反复提出装修污染及环保等问题,可以尝试以"绿色设计"作为切入点;业主如果提到价廉物美、省钱,可尝试以"简约大方"作为切入点。

2)草图沟通

在和业主沟通过程中,草图的表达方式比较直观、形象,比口头表达更有优越性。所以设计师可以尝试在沟通交流的同时,快速地勾勒出居室的空间布局、房间分配、家具布置、陈设点缀、立面形态等,在这个过程中再根据业主的反馈意见对设计方案进行修改和确定,进一步达成共识,从而促进设计方案的快速确定。

3. 设计实施

1)效果图绘制

有时候因为业主不是专业人士,所以很多业主希望看到更为具象的效果图,一般每套设计都会提供1~3张主要部位的效果图。使设计中的创新点能得到充分展现,以得到业主的认可。

2)主材推荐

除了设计效果以外,业主最关心的一个问题是装修费用,所以还要向业主提供一份材料清单,使业主对自己家装的主要材料和价位有一个直观的认识。

3)方案确定

通过修改完成后的设计方案进一步与业主沟通探讨,经过充分的互动交流达成协议,根据达成协议的设计方案,用电脑绘制详尽的施工图,包括平面布置图、地面铺装图、顶面图、立面图、细部大样图、造价预算等。

4）签订设计合同

经业主确认后，签订正式合同，并安排好开工日期。

5）设计交底

签订完设计合同以后，设计师要给施工人员进行设计意图说明和图纸的技术交底，就图纸的施工要点、技术难点达成共识，如果觉得口头上的协议不可靠的话，可以签署书面协议。

6）施工现场跟踪

根据施工现场的实际情况，或是业主的要求，在施工过程中可能会进行必要的局部修改或补充，设计师要负责跟踪，确保工程的施工质量和设计效果得以实现。

7）竣工验收

施工结束，建议业主不少于30天的通风时间，以消除房间异味，然后对设计效果和质量进行验收，合格后签订《工程保修单》。

4.后期跟踪服务

验收完成后，进入后期跟踪服务，即保修阶段。中华人民共和国建设部令第110号《住宅室内装饰装修管理办法》第三十二条规定：在正常使用条件下，住宅室内装饰装修工程的最低保修期限为二年，有防水要求的厨房、卫生间和外墙面的防渗漏为五年。保修期自住宅室内装饰装修工程竣工验收合格之日起计算。

案例点评

在家装设计的程序步骤中，最重要的是要深入分析业主的真正消费心理，要打动业主，应该从三个方面去进行说服：①设计效果；②质量；③价格。

另外，和业主沟通交流的技巧也是非常重要的。可以通过共同的理念、关键的亮点、独到的设计、真诚的态度、耐心的解答等引起业主的信任和共鸣。

知识链接

手绘重要还是电脑重要？

随着室内装饰设计行业的不断发展，效果图的表现手法也在不断的变化。以最初的传统手绘技法——水彩水粉的写实、厚重发展到现在电脑加手绘。有人会问"手绘重要还是电脑重要？"其实这和"设计重要还是表现重要"、"形式重要还是功能重要"一样可笑。在我们现在所处的时代，面对不同的设计方案，我们必须熟练掌握手绘和电脑两种表现手法，并根据它们各自的特点，融入不同的设计过程当中。

在方案初步设计过程中，尤其是与客户洽谈交流的时候，方便快捷的手绘担任着比电脑更要重要的角色。如果两个设计师面对同一业主，其中一个面对业主交流的时候说："等我回去用电脑拿出方案来再给你看。"也许另一个设计师已经手绘画出草图方案与业主交流完毕把项目拿走了。

所以，在一个优秀的设计师那里，手绘和电脑同样重要。

2.2 室内设计构思的切入点

室内设计最重要的是要有创意，而创意的本质就是要创新，这就要求设计师在继承过去设计创作成果的基础上，推陈出新，开拓新思路，寻找新题材，发觉新的艺术表现形式，从室内设计的功能开始，找到合适的设计思维切入点，例如风格样式、空间构成、形式处理、肌理色彩、时尚热点、传统文脉和业主诉求等。

2.2.1 风格样式

美国设计师普罗斯说过:"人们总以为设计有三维:美学、技术和经济,然而更重要的是第四维——人性"。这里的人性,就是精神的需求、文化的需求,也就是室内设计的文化内涵,而室内设计风格样式的价值根源于"文化内涵"的提升,可以说文化内涵是室内设计的灵魂所在。

随着生活水平和审美意识的不断提高,人们对自己的居住空间、工作空间和各类活动空间的使用功能和审美功能也提出了更高、更新的要求,也越来越重视室内空间中的精神因素和文化内涵。

风格样式指蕴含在室内空间中的精神风貌和文化内涵,是通过造型艺术语言所呈现出来的品格、风度、氛围、韵味等,体现了室内设计的艺术特色和个性。风格样式是一个整体的概念,它涉及的内容是多方面的,例如时代、地域、民族特点、生活习俗、文化思潮、宗教信仰、装饰材料、装修技术等。归纳起来,室内设计的风格主要可分为欧式古典风格、新古典风格、现代风格、中式风格、自然风格以及混合型风格等(图2.2~图2.5)。

特别提示

按照地域不同,室内设计的风格又可分为中式风格、日式风格、欧式风格、埃及风格、印度风格等,其中每个风格又可以再细分,如欧式风格又可以分为古典欧式风格、北欧风格、地中海式风格等。

除了地域风格还有其他设计风格,如自然风格、乡村风格、简约风格、华丽风格、前卫风格、怀旧风格、混搭风格、粗野风格等。

图2.2 自然风格

图2.3 新中式风格

图2.4 现代前卫风格

图2.5 现代简约风格

应用案例

根据所提供的业主信息,从风格样式切入,分析业主适合什么风格的居室设计。

【业主信息】

年龄:26岁　职业:造价工程师　居住状况:单身贵族　喜欢运动和健身

案例点评

通过我们对业主信息的分析,可以得出结论:业主年轻、单身、经济状况较好、拥有积极乐观的生活态度,所以我们可以尝试采用自然风格(缓解忙碌的工作、紧张的生活所带来的压力)、乡村风格(质朴大方、轻松舒适的个人世界)、简约风格(单身贵族,顾不上打理家务,设计简洁不失个性)(图2.6)。

知识链接

详见本书第3章——室内设计风格。

2.2.2 空间的构成

人只要生存就离不开空间,因为人们的一切活动都是在一定的空间中进行的,而室内空间给人们的影响和感受是最直接、最重要、最深远的。首先从使用功能上考虑,室内空间的面积、大小、形状等可以使人们选用合适的家具和更合理的布置,达到节约空间和创造更好的采光、照明、通风、隔声、隔热等物理环境的效果。

对于不同空间、不同的功能需要、不同的使用者来说,在满足使用功能需要的同时,更重要的是要满足精神功能即形式美和意境美两个方面的要求。

图2.6　自然、现代、简约风格

形式美是构图原则和构图规律，如统一、变化、对比、协调、韵律、节奏、比例、尺度、均衡等；但是符合形式美的空间，并不一定能达到意境美。意境美就是要表现特定场合下的特殊性格或个性。例如太和殿的"威严"、朗香教堂的"神秘"、流水别墅的"幽雅"（图2.7~图2.9）都是建筑空间表现出来的感染强烈的意境效果。如果说形式美涉及的是问题的表象，意境美则是深入到问题的本质；形式美抓住的是人们的视觉，意境美抓住的则是人们的心灵。

一个好的空间组合，总是根据当时、当地的环境，结合建筑功能的要求进行整体筹划，分析矛盾主次，内外兼顾，从单个空间的设计到群体空间的序列组织，把空间组织的多样性、艺术性和结构布局的简洁性、合理性很好地结合在一起，设计出有特色、有个性的空间组合。室内空间的组织方式，可以从不同的角度划分，例如公共与私密、固定与灵活、静态与动态、开敞与封闭、模糊与确定、虚幻与实在等。

应用案例

如何进行展示空间的设计？

展示空间设计是对空间依赖性最大的设计门类。空间的组织是展示设计的灵魂所在。可以说展示设计就是对空间组织利用的设计。通常展示设计是在一个大的空间中，通过隔墙、隔断、幕墙、屏风、帷幔等进行空间分隔，用垂直、水平、倾斜、固定、动态等空间形态，创造出流畅舒适的流线，让人们在流动的、序列化的、有节奏的空间的引导下完成对展品的观赏，在满足功能的同时，可以感受到空间变化的魅力和设计的无限趣味。

现代建筑大师密斯·范·德·罗在巴塞罗那国际博览会德国馆（图2.10）的设计中，创立了流动空间的理论。他在空间的组织上采用"围中有透、透中有围、围透划分空间"的手法，打破了开敞与封闭的界限，使有限的空间变成无限，无限的空间中包含着有限，不断变化着

图2.7　太和殿

图2.8　朗香教堂

图2.9　流水别墅

图2.10　巴塞罗那国际博览会德国馆

的空间导向，使人进入到展览空间后，在不断前进过程中，从不断变化的视觉构图中看到不同层次的空间，和中国的园林一样，移步换景，情景交融。

案例点评

无论公共建筑室内设计还是居住建筑室内设计，都可以把空间的组织作为设计的切入点。在有限的空间中，采用独到的创意进行空间重构，让空气自由流动，空间与空间可以交流、共享、渗透，从而达到人与空间的和谐共处。赋予空间生命，才是优秀的设计。

知识链接

详见本书第4章——室内空间设计。

2.2.3 形式（界面）处理

室内设计中，形式（界面）处理就是围合室内空间的、视觉可见的各个表面的处理。一个房间通常有六个视觉界面：东、西、南、北、上、下，异形的房子另当别论。通常我们简称为三大界面：墙面、地面和顶面，三大界面围合成室内空间。室内的界面处理是视觉感受的主要对象，也是装饰装修的主要内容，是通过对室内三大界面的功能分析以及对各种材料特点的把握进行有效的视觉因素的设计与处理（图2.11～图2.13）。

图2.11　墙面

图2.12　顶面

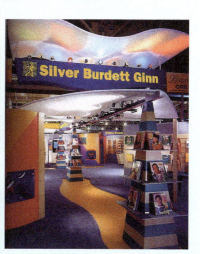

图2.13　地面

室内界面的设计，既有功能技术要求，也有造型和美观要求。作为材料实体的界面，有界面的线形和色彩设计问题，也有界面的材质选用和构造问题。此外，室内环境的界面设计还需要与室内的设施、设备进行周密地协调。所以，在工程项目的现实条件的基础上，扬长避短，通过界面形象的形式美法则进行设计创新也是思维突破的有效手段。

特别提示

界面设计影响着整个室内设计的风格，是施工图设计阶段的主要内容，在整体设计中占据着非常重要的位置。它主要通过界面的形状、形式、材料、色彩、肌理等设计要素来表现。

知识链接

详见本书第5章室内界面设计。

在品牌专卖店中，形象墙的设计就是以界面作为设计的切入点来进行创意的。在某品牌专卖店中，经营系列商品的同时，商家更重视的是品牌形象的宣传和消费群体的定位，形象墙的设计是专卖店品牌宣传的重点（图2.14）。

2.2.4 肌理色彩

室内空间的肌理和色彩是界面材料表现出来的视觉和触觉感受，也是室内空间中最显著的特性。

肌理是材料和界面的表面效果，它既作用于视觉，也作用于触觉，是最好的造型手段。肌理分为自然肌理、人工肌理、视觉肌理和触觉肌理。

色彩也是很重要的形式要素。进入一个室内空间，最引人注意的就是界面和陈设的色彩。用色彩作为设计创新的主角非常自然，可以借助一些色彩引人入胜，作为设计的创新点。例如在家装设计中通过性格色彩、年龄色彩、季节色彩和流行色彩等路线，从不同性格及不同年龄的业主喜欢的色彩、不同季节不同的流行色彩入手，用色彩来打动客户，使室内展现出迷人的风采。

图2.14　专卖店形象墙设计

应用案例

在舞厅娱乐空间和图书阅览空间这两个不同的文化建筑空间内，色彩的运用上有什么差别呢？

酒吧舞厅娱乐空间和图书阅览空间都是人们在快节奏的生活状态中，为了缓解忙碌的工作而放松身心的场所。但是它们在空间性格上却是迥然不同的。一个"爱动"，一个"喜静"，所以在空间气氛上也是完全相反的。一个要活泼热烈、激情浪漫，一个要宁静和谐、舒适淡雅（图2.15、图2.16）。

案例点评

两个空间的区别可以以色彩为切入点，酒吧舞厅娱乐空间的色彩要考虑选择能够刺激神经并使人兴奋的色彩，可以选择偏暖的高纯度、鲜艳、亮丽的色彩和大面积的图案，在七彩球灯旋转闪烁的衬托下更加绚丽多彩、五光十色，烘托出兴奋、热烈的气氛。而同样的色彩用在图书阅览空间中会产生纷乱热闹的感觉，使读者情绪过于激动、思维状态容易紊乱。所以图书馆阅览室的色彩应该选择偏冷的低纯度的颜色，创造出一个幽雅、宁静、舒适、有益读者身心健康的人文环境，这对于愉悦心灵情感、促进知识吸收和提高阅读效率都有着重要的作用。

知识链接

详见本书第6章——室内色彩设计。

图2.15　酒吧舞厅娱乐空间

图2.16　图书馆阅览室空间

2.2.5 时尚热点

利用时尚热点进行设计创新，例如绿色、环保、节能、新材料、新技术、人文关怀、数字化等概念，容易引起业主的共鸣。可以将这些时尚热点作为设计构思的切入点。

在室内设计的建造和更新设计中，应注重对常规资源、不可再生资源的节约和回收利用，对可再生资源也要尽量低消耗使用，把自然资源的循环再利用注入设计中去，实现可持续发展地、合理地使用资源。也应强调天然材料和自然色彩的应用，重视绿化布置，并防止有害气体污染环境（图2.17、图2.18）。

图2.17 室内绿色

特别提示

室内设计具有较强的时尚性。所以设计师要紧跟时代的脚步，紧扣流行的节拍，不断地思考怎么将这些时尚热点作为室内设计的亮点。

知识链接

随着环境保护意识的不断增强，人们向往自然，注重使用无污染的天然材料，希望置身于天然绿色环境中，回归自然。

绿色装修的三大环节：绿色环保设计、绿色饰材使用、绿色环保施工。

绿色装修的四大原则：安全性、健康性、舒适性、经济性。

图2.18 天然材质在室内设计中的运用

2.2.6 传统文脉

科技的发展和时代的进步，使室内设计作品越来越具有强烈的时代感。但是作为室内设计作品，它不是纯粹的个人行为，在一定地域一定时代中肯定会受到传统文化的熏陶和影响。在传统回归的今天，传统文化越来越受到人们的重视，一个优秀的室内设计作品要自觉地将传统文化融入现代设计理念中，然后立足于现实，深刻审视华夏民族的历史和文化，将传统的精髓提炼出来加以继承和创新，形成新的设计理念。

把传统文脉作为室内设计的创新切入点，将传统美学与现代理念融入设计中，或用新的造型形式表现出来，或运用新的构造、新的材料做法、新的技术手段、新的施工工艺形成全新的视觉效果，形成现代与传统相结合的室内设计风格。

应用案例

传统与现代——分析茶楼设计方案

随着社会的进步和人类生活质量的不断提高，人们对室内空间的物质和精神功能又有了新的理解，面对现代主义风格造成的千篇一律的格局，全世界复古之风开始流行。物质功能已不再是室内设计的唯一要素，精神功能方面的民族化、个性化和多样化愈来愈引起重视，在现代室内中体现传统元素，可以作为室内设计的一个切入点。

传统的中式设计，由于主要运用对称均衡的手法，四平八稳，中规中矩，色彩上多采用朴素稳重的颜色，材质上主要运用木材和石材，总体上显得过于陈旧、沉闷，所以需要有所突破。布局上，在对称均衡中寻求变化，丰富其空间变化；色彩上，用亮色画龙点睛，带来活泼生气，平添音乐的跳跃感；材质上，可以运用现代材质，采用对比手法，如使用玻璃、不锈钢灯与岩石、实木等材质进行对比，在不失整体中式感的同时增强现代感。

以中式茶馆室内设计为例，分析中国传统元素。

案例点评

茶楼中的中国元素是最典型的，很多茶楼仍保留了明清风格，飞檐斗拱、红柱青瓦、精雕细刻、古色古香，茶楼的内饰都是很有个性特征的。不同茶室内桌椅、几案的布置都全然不同，有明代的花梨木，也有清代的老红木、榉木，与四壁的书画条幅，挂件陈设相映成趣，浑然一体，整体结构相当紧凑，古典韵味弥漫其中（图2.19）。

图2.19　某茶馆的室内设计

2.2.7 业主诉求

从业主的诉求入手，包括兴趣、爱好等，作为设计构思的依据并以此为设计的亮点。例如喜欢某个时代的设计、喜欢收藏、喜欢大自然、喜欢阳光等（图2.20、图2.21）。

知识链接

时尚装饰杂志：
《装饰装修天地》
《室内设计与装修》
《现代装饰》
《世界家苑》
《新居室》
《缤纷家居》
《装潢世界》

装饰设计网站：
中国室内设计网	http://www.ciid.com.cn
中国建筑装饰网	http://www.ccd.com.cn/
中国软装饰网	http://www.36rz.com/
中国室内设计联盟	http://bbs.cool-de.com/
时尚家居	http://home.trends.com.cn/
建筑论坛	http://www.abbs.com.cn/bbs/
六间房家居设计系列	http://6.cn/watch/332372.html
25社区—室内装饰装修	http://www.25sq.com/
软装网	http://www.ruanz.com
焦点家居网	http://home.focus.cn
中国装修网	http://www.cool-de.com/
室内人	http://www.snren.com/
室内设计资料网	http://www.maxsou.com/

图2.20 喜欢阳光业主的室内设计

图2.21 喜欢藏书业主的室内设计

> **本章小结**
>
> 本章主要讲解了室内设计的思维方法（多元化、系统化、创新方法、优选方法）和室内设计的工作流程，列举了一些进行室内设计创意构思的切入点并进行了具体的论述。

习 题

1. 选择题

   下面几项中（　　）是设计实施阶段的工作。
   A．效果图绘制　　B．施工图绘制　　C．搜集资料
   D．施工图会审　　E．现场勘察

2. 简答题

   （1）简述室内设计工作的程序步骤。
   （2）列举几个室内设计创意的切入点。
   （3）简单描述室内设计的思维过程。

3. 思考题

   以一个小型咖啡厅为例，分析其空间布局、界面设计、色彩构成等方面特色以及设计中的注意事项。

第3章 室内设计风格

教学目标

了解风格的概念及影响风格形成的各种原因;掌握室内设计中不同风格的特点、设计要点及适用人群等;在实践中能根据客户的年龄、职业、爱好、经济等因素提出适当的设计风格以供参考;对装饰设计的新思潮、新方向有敏锐的眼光,能创造出更有文化意蕴的生活环境和更完美、恒久的生活空间。

教学要求

能力目标	知识要点	权重
✦ 了解何谓风格及设计风格形成的原因	✦ 风格的概念、风格的成因	15%
✦ 掌握不同类型的室内设计风格	✦ 各风格的特点、设计要点	65%
✦ 能够避免一些有关风格的设计误区	✦ 风格的误区	20%

根据图3.1，分析它在色彩应用、家居造型、后期配饰等方面有哪些规律性和时代性，属于哪种设计风格？

图3.1 居住建筑室内设计

3.1 风格概述

风格是指创作中所表现出的思想和作品在审美表达等方面的艺术特征，具有艺术、文化、精神等方面的深刻内涵。

风格要通过特定的艺术形式来体现，它在不同的文化领域有着不同的表现形式。在室内设计中，就是要通过室内设计的特定形式来表现，而风格就体现在这些形式中。

风格具有时代性、民族性和地域性。

风格的时代性是指由时代的社会生活所决定的时代精神、时代风尚、时代审美等需要在作品格调上的反映。同一时代的艺术家，个人风格可能不同，但无论谁的作品，都会烙上这个时代的烙印。

风格的民族性指民族特点在艺术作品中的反映。一个民族的社会生活、文化传统、心理素质、精神状态、风土人情和审美要求等都会反映到艺术作品中。因此，不同民族的艺术作品会具有鲜明的特征，形成独特的风格。在室内设计中，一些"式样"经久不衰，以致成了"经典"和"传统"。

风格的地域性是指设计上吸收本地的、民族的、民俗的风格以及本区域历史所遗留的种种文化痕迹。地域性在某种程度上比民族性更具狭隘性或专属性，并具有极强的可识别性。由于许多极具地域性的民俗、文化及艺术品均是在与世隔绝的状态中发展演变而来的，即使是在以往有限的交流和互通下其同化和异化程度也是有限的，因而其可识别性是非常强的,例如同是刺绣品,湘绣和苏绣却相去甚远。

室内设计风格,则是结合不同的时代思潮和不同的地域特点,通过创意构思和表现,逐步发展形成的具有代表性的室内设计形式。室内设计中不同风格的产生、发展与演变,不仅是社会物质文明和精神文明发展的体现,更满足了人们追求高品质生活方式的热切愿望。在室内设计中,没有风格的室内设计就是一个空洞的、没有文化内涵的室内空间。

此外,不管是设计师还是业主都会对风格的最终呈现产生影响。

> **特别提示**
>
> 透过一种典型的室内设计风格,往往可以看出形成此风格的各种因素,包括社会制度、文化思潮、科技水平、宗教信仰、气候物产、民俗风情等外在因素,以及设计者的创作思路、专业素质、艺术素养等内在因素。而每种风格由产生到成熟,又会对相应时期的文学、绘画、音乐等社会因素产生积极或消极的影响。
>
> 有关建筑及室内设计风格的发展演变请参阅本书第1章室内设计概述部分。

3.2 风格应用实例分析

3.2.1 欧式古典风格

作为欧洲文艺复兴时期的产物,古典主义设计风格继承了巴洛克风格中豪华、动感、多变的视觉效果,也吸取了洛可可风格中唯美、律动的细节处理元素,受到了社会上层人士的青睐。特别是古典风格中,深沉里显露尊贵、典雅中渗透豪华的设计哲学,也成为这些成功人士享受生活理念的一种写照。

欧式古典风格在空间上追求连续性、形体的变化和层次感。室内外色彩鲜艳,光影变化丰富。多用带有图案的壁纸、地毯、窗帘、床罩、帐幔以及古典式装饰画或物件,为体现华丽的风格,家具、门、窗多漆成白色,家具、画框的线条部位饰以金线、金边。古典风格追求华丽、高雅,具有很强的文化感受和历史内涵(图3.2)。

> **特别提示**
>
> 古典风格在设计时强调空间的独立性,在材料选择、施工、配饰方面的投入比较高,所以古典风格更适合在较大的别墅、宅院中运用,而不适合较小户型的居住建筑室内设计。

图3.2 欧式古典风格室内设计

3.2.2 新古典风格

新古典风格是在传统美学的规范之下，运用现代的材质及工艺，去演绎传统文化中的精髓，它不仅拥有典雅、端庄的气质，还具有明显的时代特征，是古典与现代的完美结合。它源于古典，但不是仿古，更不是复古，而是追求神似。在注重装饰效果的同时，用现代的手法和材质还原古典气质，新古典风格具备了古典与现代的双重审美效果，完美的结合也让人们在享受物质文明的同时得到了精神上的慰藉（图3.3）。

新古典设计讲求风格，用简化的手法、现代的材料和加工技术去追求传统样式的大致轮廓特点，但这并不意味着新古典的设计可以任意使用现代元素，更不是两种风格及其产品的堆砌。试想，在浓郁的艺术氛围中，放置一个线条简单、形态怪异的家具，其效果也会不伦不类，令人瞠目结舌。新古典风格注重装饰效果，用室内陈设品来增强历史文脉特色。"形散神聚"是新古典风格的主要特点。

图3.3　新古典风格室内设计：用古典元素诠释现代

> **特别提示**
>
> 新古典风格设计的优劣，更多地取决于线条的搭配、线条与线条的比例关系以及材质的选择。

3.2.3 雅致风格

如果你喜欢欧式古典的浪漫，却又不想被高贵的繁琐束缚；如果你喜欢简约的干练，但又认为它不够典雅，缺少温馨，那么不妨尝试雅致主义的设计。雅致主义是近几年刚刚兴起而且被消费者迅速接受的一种设计方式。

雅致主义是带有极强文化品位的装饰风格，它打破了现代主义的造型形式和装饰手法，注重线型的搭配和颜色的协调，反对简单化，讲求模式化，注重文脉，追求人情味。在造型设计的构图理论中吸取其他艺术或自然科学概念，把传统的构件通过重新组合出现在新的情境之中，追求品味和和谐的色彩搭配，反对强烈的色彩反差和重金属味道（图3.4）。

图3.4　雅致风格室内设计

> **特别提示**
>
> 雅致风格的空间布局接近现代风格，而在具体的界面形式、配线方法上则接近新古典风格。在选材方面应特别注意颜色的和谐性。

3.2.4 现代简约风格

对于不少青年人来说，事业的压力、烦琐的应酬让他们需要一个简单的环境给自己的身心一个放松的空间。不拘小节、没有束缚，让自由不受承重墙的限制，是不少消费者面对家居设计师时最先提出的要求。而在装修过程中，现代简约风格相对简单的工艺和低廉的造价，也被不少工薪阶层所接受。

现代简约风格在处理空间方面一般强调室内空间宽敞、内外通透，在空间平面设计中追求自由。墙面、地面、顶棚以及家具陈设、灯具器皿等均以简洁的造型、纯洁的质地、精细的工艺为特征。现代简约风格尽可能不用装饰并取消多余的东西，它认为任何复杂的设计、没有实用价值的特殊部件及任何装饰都会增加工程造价，强调形式应更多地服务于功能（图3.5）。

> **特别提示**
>
> 材料的质感对于简约主义十分重要，如果在选材方面过于仓促，那么简约风格很容易沦为简单设计。可以说，现代简约风格装修的选材投入，往往不低于施工部分的资金支出。

图3.5　现代简约风格室内设计

3.2.5 现代前卫风格

比简约风格更加凸显自我、张扬个性的现代前卫风格已经成为先锋人类在家居设计中的首选。无常规的空间解构，大胆鲜明、对比强烈的色彩布置，以及刚柔并济的选材搭配，无不让人在冷峻中寻求到一种超现实的平衡，而这种平衡也无疑是对审美单一、居住理念单一、生活方式单一的最有力的抨击。随着"80后"甚至"90后"的成长，我们有理由相信，现代前卫的设计风格不仅不会衰落，反而会在内容和形式上更加出人意料，夺人耳目。

现代前卫风格在设计中尽量使用新型材料和工艺做法，追求个性的室内空间形式和结构特点。色彩运用大胆豪放，追求强烈的反差效果，或浓重艳丽，或黑白对比，强调塑造奇特的灯光效果。平面构图自由度大，常常采用夸张、变形、断裂、折射、扭曲等手法，打破横平竖直的室内空间造型，运用抽象的图案及波形曲线、曲面和直线、平面的组合，取得独特效果。家具与陈设造型奇特，室内设施设备现代化，在保证使用舒适的基础上体现个性（图3.6）。

特别提示

现代前卫风格强调个人的个性和喜好，但在设计时要注意适合业主的生活方式和行为习惯，切忌华而不实。

3.2.6 中式风格

中国传统建筑一直是以木质的梁架结构传承下来的，这种结构沿袭了上千年。造型讲究对称，色彩讲究对比，装饰材料以木材为主，室内设计风格受到木结构的限制，形成了一种以木质装修和油漆彩画为主要特征的华丽、祥和、宁静的独特风格。在装饰色彩上，以红色和黑色为主，古朴庄重。

在室内陈设与装饰方面，中式风格把二者作为一个整体来处理，中国传统室内陈设包括字画、匾幅、挂屏、盆景、瓷器、古玩、屏风、博古架等，追求一种修身养性的生活境界。而在装饰细节上崇尚自然情趣，花鸟、鱼虫等贯穿其中，富于变化，充分体现出中国传统的美学精神。室内除固定的隔断和隔扇外，还使用可移动的屏风、半开敞的罩、博古架等与家具相结合，对于组织空间起到增加层次和深度的作用（图3.7）。

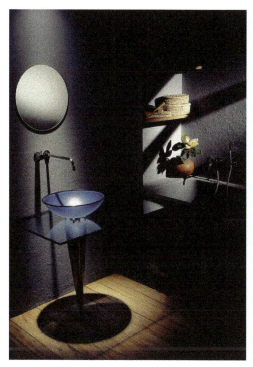

图3.6　现代前卫风格室内设计

图3.7　中式风格室内设计

特别提示

中式风格并非完全意义上的复古明清，而是通过中国传统室内风格的特征，表达对清雅含蓄、端庄丰华的东方式精神境界的追求，比较适合性格沉稳、喜欢中国传统文化的人。

3.2.7 新中式风格

新中式风格主要包括两方面的基本内容，一是中国传统风格文化意义在当前时代背景下的演绎；二是在对中国当代文化充分理解基础上的当代设计。新中式风格通过对传统文化的认识，将其中的经典元素提炼并加以丰富，与现代元素结合在一起，让传统艺术在当今社会得到合适的体现，传统中透着现代，现代中揉着古典。同时改变原有空间布局中等级、尊卑等封建思想，给传统室内设计注入新的气息，以现代人的审美需求来打造富有传统韵味的事物。

图3.8　新中式风格室内设计

新中式设计将中式家具的原始功能进行演变，在传统形式的基础上进行舒适的变化，改变了传统家具"好看不好用，舒心不舒身"的弊端。新中式风格使传统家具的用途更具多样化和情趣，体现在居室设计中尤为明显，比如原来的画案、书案，如今用作了餐桌；原来的双人榻如今用作了三人沙发；原来的条案如今用作了电视柜；典型的药柜用作了存放小件衣物的柜子（图3.8）。这些使新中式风格在不同户型的居室中布置更加灵活，被越来越多的人所接受。

> **特别提示**
>
> 新中式风格多以中式家具和西式陈设为主。木质材料居多，颜色多以仿花梨木和紫檀色为主。空间之间的关系与欧式风格差别较大，更讲究空间的借鉴和渗透。

3.2.8 日式风格

日式风格又称"和风"，是世界上所有传统风格中最为"现代"的一种风格，它的室内构成方式及装饰设计手法，迎合了现代美学原则。追求一种悠闲、随意的生活意境，空间造型极为简洁，在设计上采用清晰的线条，在空间划分中摒弃曲线，具有较强的几何感。这种风格具有它独特的内涵和朴实、纯洁的特点，给人豁亮、开阔的纯情感受。

日本的传统建筑受中国建筑的影响较为强烈，所以，它的传统建筑风格亦以木结构为基础，简洁的结构骨架由柱和梁组成，下部由台基支撑，非承重墙由泥灰和带推拉门的木结构构成，门和窗均采用轻质材料，室内以细木工障子做推拉门或以悬挂木方格灯罩的灯具来分割空间。日式风格的另一特点是屋院通透，人与自然统一，注重利用回廊、挑檐，使得回廊空间敞亮、自由。室内空间造型简洁、朴实，装饰台、墙上装饰画和陈设插花均有定式，创造特定的幽柔润泽的环境。室内宫灯悬挂，以伞作造景，格调简朴高雅（图3.9）。

> **特别提示**
>
> 由于生活起居方式的不同，日式风格适合特定空间的设计或局部空间的改造，切忌生搬硬套。

3.2.9 地中海风格

地中海文明一直在很多人心中蒙着一层神秘的面纱。古老而遥远，宁静而深邃。随处皆在的浪漫主义气息和兼容并蓄的文化品位，以及极具亲和力的田园风情，很快被地中海以外的广大区域人群所接受。对于久居都市，习惯了喧嚣的现代都市人而言，地中海风格给人们以返璞归真的感受，同时体现了对于更高生活质量的要求。

地中海风格具有独特的美学特点。一般选择自然、柔和的色彩，在组合设计上注意空间搭配，充分利用每一寸空间，集装饰与应用于一体，在组合搭配上避免琐碎，显得大方、自然，散发出古老尊贵的田园气息和文化品位；其特有的罗马柱般的装饰线简洁明快，流露出古老的文明气息。在色彩运用上，常选择柔和、高雅的浅色调，映射出它田园风格的本义。地中海风格多采用有着古老历史的拱形玻璃，柔和的光线加上原木的家具，用现代工艺呈现出别有情趣的乡土格调（图3.10）。

> **特别提示**
>
> 地中海风格的色彩选择很重要，色彩多为蓝、白色调的纯正天然的色彩，如矿物质的色彩。材料的质地较粗，并有明显、纯正的肌理纹路，木头多原木，应尽量少用木夹板和贴木皮。

3.2.10 美式乡村风格

美式乡村风格摒弃了烦琐和奢华，并将不同风格的优秀元素汇集融合，以舒适机能为导向，强调"回归自然"，风格轻松、舒适。美式乡村风格突出了生活的舒适和自由，不论是感觉笨重的家具，还是带有岁月沧桑的配饰，都在告诉人们这一点。特别是在墙面色彩选择上，自然、怀旧、散发着浓郁泥土芬芳的色彩是美式乡村风格的

图3.9 日式风格室内设计

图3.10 地中海风格室内设计

典型特征。回归与眷恋、淳朴与真诚，也正因为这种对生活的感悟，美式乡村风格给了我们享受另一种生活的可能。

美式乡村风格非常重视生活的自然舒适性，家具一般体积巨大厚重，充分显现出乡村的朴实风味。布艺是美式乡村风格中非常重要的元素，本色的棉麻是主流，布艺的天然感与乡村风格能很好地协调；各种繁复的花卉植物、靓丽的异域风情和鲜活的鸟虫鱼图案很受欢迎，舒适和随意。摇椅、小碎花布、野花盆栽、小麦草、水果、瓷盘、铁艺制品等都是乡村风格空间中常用的东西（图3.11）。

特别提示

美式乡村风格的色彩以自然色调为主，绿色、土褐色最为常见；壁纸多为纯纸浆质地；家具颜色多仿旧漆，式样厚重。

图3.11 美式乡村风格室内设计

知识链接

除了以上主流的地域风格以外，室内设计还有很多次主流的设计风格。例如自然风格、装饰艺术风格、怀旧风格、禅意风格、粗野风格等。

自然风格：采用植物、花卉、阳光、石材、竹藤制品、铁艺、原木本色家具、本色配饰等元素，突出对自然环境的尊重与热爱，烘托出一种自然清新的空间氛围。

装饰艺术风格：受装饰艺术运动和现代主义的影响，颜色和装饰上，以强烈的色彩和简单的几何图形为主，造型简单，装饰丰富。

怀旧风格：采用有年头的古董、旧式的房屋结构、古旧的家具等元素，怀念旧时的岁月，怀旧并不复古。

禅意风格：采用沉稳的色彩、空灵的空间、自然的材料、仪式感的饰品等元素来进行装饰，烘托出一种宁静、沉稳、空灵的空间氛围。

粗野风格：看似不修边幅、自然天成的肌理和粗犷、率真的形象呈现出休闲的、毫不刻意的感觉，一般崇尚自由自在、个性强烈的年轻人比较喜欢。

3.3 风格设计中的误区

在居室装饰中，风格的体现主要是根据业主的喜好来选择，这体现了业主的个人修养和文化内涵，但业主在选择的过程中会受到社会潮流、个人审美、经济条件等原因的影响，因而容易出现一些风格定位和风格表现上的误判，这些误区对于设计师来说也是需要注意的。

1. 流行就是风格

只要是最流行的就不容易淘汰，就是好的，就适合自己，这是一个误区。

2. 最新的材料一定前卫

认为大量使用市场刚出现的新装饰材料一定能体现装饰的前卫和潮流，这也是错误的，旧装饰材料用在不同的地方或改变传统造型，同样能做出意想不到的效果。

3. 贵的就是最好的

其实也不见得，高档的装饰材料和家具的拼凑只能成为材料的堆积，没有装饰文化和内涵。

4. 装修采众家之长

还有相当大的人群喜欢以自我为中心，上网、看书、看样板房。把自己看过的最经典的东西都记下来照搬到自己家里，最后是不伦不类，在精力和经济上付出了很多，却没有达到自己想要的装饰效果。

不管是低档、中档还是高档装饰，合理的预算和正确的设计方案是首要的决定因素，设计师应该和业主很好地沟通和交流，把业主的职业修养、文化教育程度、家庭背景、个人爱好和生活起居习惯等贯穿到整个设计过程中，并能够根据本土文化、市场的趋势走向及业主的预算对设计风格做出准确的判断和恰到好处的设计。

本章小结

本章对室内设计风格作了较详细的阐述，包括室内设计风格的概念、风格的成因、风格的分类及各种风格的设计要点等。

对室内设计风格的准确把握和熟练运用有助于创造优美的室内环境，提升设计的文化内涵，使设计散发出恒久的魅力。

习 题

1. 名词解释
   （1）风格
   （2）现代风格
2. 简答题
   （1）室内设计风格分为哪几种？其主要特点各是什么？
   （2）简述室内设计风格的成因及影响。
   （3）举例说明你最喜欢什么样的室内设计风格，为什么？

第4章 室内空间设计

教学目标

通过学习室内空间设计，应掌握室内空间的基本类型、空间的分隔方法以及空间序列的设计手法。通过设计实践，使学生灵活运用空间设计知识，进行合理的室内空间设计。

教学要求

能力目标	知识要点	权重
掌握室内空间的类型	开敞空间、封闭空间；动态空间、静态空间；模糊空间；虚拟空间；下沉空间；穿插空间；共享空间；母子空间	50%
了解室内空间的分隔方法	用实体加以分隔；局部分隔；列柱分隔；利用建筑小品、灯具、软隔断分隔；利用基面或顶面高度的变化分隔等	20%
了解空间的序列	序列设计的一般规律及设计方法	30%

建筑与人们的生活最为密切，创造一个适合人类生活和工作的空间，是室内设计的主要目的和基本内容。无论在日常起居、交往、工作和学习中，室内空间与人之间的联系是最为直接、密切的。反过来，室内空间的设计效果又影响着人们的物质和文化生活。

空间也就是建筑物的容积，是实体相对存在的概念。室内空间是无形态的，实物以外的部分是看不见、摸不着的，室内造型中，空间的感受是借助实体，即室内空间三大界面（墙面、地面、顶面）及其他辅助设施的围合或分隔来实现的。

基于人们丰富多彩的物质和精神生活的需要，室内空间又可分为很多类型。例如，卧室一般是封闭空间，可以增加空间的私密性；居室的客厅中采用不同类型家具的摆放组成虚拟空间，如通过沙发围合成谈话或会客区，通过书桌和休闲坐椅形成休闲区或读书区，通过餐桌椅围合成就餐区，通过床、床头柜形成睡眠区等（图4.1）。日益发展的科技水平和人们不断求新的开拓意识，必然还会孕育出更多样的室内空间。

图4.1 居室设计中通过不同类型家具组合成为虚拟空间

请思考室内空间还有哪些类型？

4.1 空间的类型

室内空间的类型可以根据空间构成所具有的性质和特点来加以区分，以利于在设计组织空间时选择和运用。

室内空间的多种类型，是基于人们丰富多彩的物质和精神生活需要而产生的。日益发展的科技水平和人们不断求新的开拓意识，必然还会孕育出更多样的室内空间类型，下面介绍几种常见的室内空间类型。

1. 动态空间

动态空间也称为流动空间，流动空间在空间的设计上，力求连续流畅的动感效果。流动的形式有两种，一种是实质上的流动，一种是视觉上的流动。在设计上一般采用后一种，主要方式是心理暗示，即运用造型、色彩、材质等手法使人产生联想，形成视觉的流动效果。例如舞厅内活泼明快的色彩（图4.2）和大堂空间内铺设的地面拼花（图4.3），都可以从视觉上获得空间流动的效果。

2. 静态空间

静态空间一般说来形式比较稳定，常采用对称式布局和垂直水平界面处理。空间比较封闭，构成比较单一，视觉常被引导于一个方位或落在一个点上，空间常表现得非常清晰明确，一目了然。例如中国古代的家具布置以实体为背景，家具布置采用对称形式，充分说明了这一点（图4.4）。

3. 开敞空间

开敞空间是外向型的，限定性和私密性较小，强调与空间环境的交流、渗透，讲究对景、借景，与大自然或周围空间融合。它可提供更多的室内外景观和扩大视野。在使用时开敞空间灵活性较大，便于经常改变室内布置，如图4.5所示餐厅的落地玻璃窗和内庭院形成的开敞空间。在心理效果上开敞空间常表现为开朗、活跃；在景观关系上和空间性格上，开敞空间具有收纳性和开放性的特征。

4. 封闭空间

所谓封闭空间，是由一定高度的四个侧界面围护的实体，包围形成封闭性很强的、较独立的空间，对外界的视线具有很强的拒绝性和隔离性。

封闭空间的围合程度主要是私密程度决定的，过于封闭的空间往往显得单调、沉闷。所以私密程度要求不是特别高时往往可降低它的封闭性，增加与外界的联系与渗透，如选择开窗等。

封闭空间的封闭性是相对的，其封闭的目的主要是抵御外界不必要的干扰和影响，减少与周围环境的流动性。而对在空间内活动的人来说，绝不能产生封闭、沉闷的心理压力。因此，在不改变封闭功能的前提下，应通过采用人工造景（窗景、门景）、天窗和镜面等手法来打破封闭感和沉闷感。

图4.2 某舞厅

图4.3 某公共空间大堂

图4.4 中式家具围合成的静态空间

图4.5 开敞空间

开敞空间和封闭空间也有一定程度上的联系，如介于两者之间的半开敞和半封闭空间。它取决于房间的使用性质和周围环境的关系，以及视觉上和心理上的需要。例如现代住宅户型设计，起居室、卧室的开窗面积扩大，飘窗、落地窗形式的出现，其目的就是获得更好的开敞性（图4.6、图4.7）。

5. 模糊空间

模糊空间的界面是模棱两可的，具有多种功能的含义，空间中充满了复杂性和矛盾性。在空间性质上，它常介于两种不同类别的空间之间，如室外、室内，开敞、封闭等（图4.8）；在空间位置上，也常处于两部分空间之间而难以界定其所归属的空间，可此可彼，空间界限也不十分明确。例如许多办公空间的套间式房间，空间界面和家具布置的不确定性，形成了模糊空间的效果。

6. 虚拟空间

虚拟空间是与实体空间相对应的一种空间形式，它更多的是调动人的心理，用象征的、暗示的、概念的手法来进行处理，也可以说虚拟空间是一种"心理空间"。虚拟空间是指在界定的空间内，通过界面的局部变化而再次限定的空间，如局部升高或降低地坪或天棚，或以不同材质、色彩的平面变化来限定空间等。

虚拟空间的作用主要体现在两个方面：一种是实际使用的，另一种是心理感受的。例如由于功能分区的不同，旅游建筑的接待大厅可

图4.6　卧室的落地窗形成半开敞空间

图4.7　半封闭的外部空间

图4.8　雨棚形成的模糊空间

图4.9　某酒店接待大厅

图4.10　客厅中的虚拟空间

以分为接待区、休息区等（图4.9），居室客厅可以分为会客区、就餐区、休闲区和读书区等（图4.10），这些区域不能完全分开，就可以使用虚拟空间进行相互连接，又有各自的独立范围区域。虚拟空间的形成可以借助于立柱、隔断、家具陈设、绿化、水体、照明、材质、色彩以及结构构件等。这些元素可以给空间增色，起到点缀作用。

7. 下沉空间

下沉空间的设计方法是在地面作下沉设计，由于地面作下沉处理从而使视点发生变化，空间的感觉增大，空间的景观也随之发生变化。由于空间作下降处理，使下降的空间领域感增强，从而显得更加的安静和稳定，在公共环境中被广泛应用。

例如好多广场景观做成下沉式；许多酒店大堂中庭为了追求空间区域划分和环境的舒适，采用了略微下降，也是下沉空间的良好应用形式。

8. 穿插空间

由两个空间相互穿插叠合，或一个空间插入另一个空间而形成一个公共空间，相互穿插的两个空间仍保持各自所具有的空间界限和完整性。这种中性空间成为原有两空间的连接空间，也可与其中一个空间合并，成为该空间整体的一部分，同时也成为另一空间的过渡空间。穿插空间为两空间共有，你中有我，我中有你，界限模糊不定，因而又具有不定空间的特征，这种特征常常起到不同空间之间的交融与渗透作用。

9. 母子空间

所谓母子空间，又叫空间内的空间，是大空间套小空间，是对空间的再次限定。大空间与小空间在尺度、形式上有密切的关系，当内含的空间过大时，外围空间变得狭小而令人感到压抑，两空间主次难分；如果内含的空间过小，将失去母子空间的构成关系。

图4.11 办公空间中的母子空间

图4.12 餐厅中的雅间

在实际生活和设计应用中，我们经常见到敞开式办公大厅中的小办公空间；大餐厅中包裹着一些小包间。这些小空间与大空间有着密切的沟通和联系。小空间既可采取绝对方式封闭分隔，以增强其私密性，也可用象征性分隔使小空间接近大空间的气氛（图4.11、图4.12）。

10. 共享空间

共享空间是将多个保持一定距离的空间，用一个更大尺度的公共空间连接而成。这种多个空间的连接组合具有重叠互搭的关系，但它们又能保持各自空间的特征，并共享其相互重叠的空间。共享空间一般见于展览中心、商业建筑、旅游酒店等（图4.13）。这主要是为了适应现代社会人们日益频繁的社交活动和旅游观光等需求。共享空间有大面积的采光、大规模的室内绿化、现代化的设施，共享大空间通透的环境，能形成开放的视觉景观，消除公众之间的距离，形成新的空间环境。

课堂实训

构思几种类型的空间，例如静态空间、动态空间、虚拟空间等，并绘制透视草图。

图4.13 某旅游酒店的共享空间

特别提示

在室内空间设计中，功能空间并不一定由单个空间组成，而可以是多个空间的综合体，通过不同空间的分隔和联系，使空间功能更加合理，层次更加丰富。所以，在设计时应注意室内空间类型的综合运用。

实训目的

通过实训练习，更熟练地掌握室内空间类型。理解室内空间类型的具体应用，熟练运用室内空间类型解决实践中遇到的实际问题。

4.2 空间的分隔

空间的分隔和联系不单是一个技术问题，也是一个艺术问题，除了从功能使用要求来考虑空间的分隔和联系外，空间的分隔形式、组织、比例、方向、线条、构成以及整体布局等，也对整个空间设计效果有着重要的意义，反映出设计的特色和风格。

空间的分隔是空间组织的配置，其分隔方法多样，常见的分隔形式有以下几种。

1. 用实体加以分隔

增强各自空间的个性，限制相邻空间的视觉连续性，使两空间产生互不联系的独立效果（图4.14）。

2. 局部分隔

如用屏风或家具来分隔空间，使其成为两个相邻的空间。这种分隔的强弱由分隔体的大小、形状、材质等方面决定（图4.15）。

图4.14 居室中实体墙的分隔

图4.15 室内空间中用家具进行局部分隔

图4.16　列柱分隔使室内空间似断非断，似隔非隔

图4.17　通过地面提高分隔空间

图4.18　通过顶面来分隔空间

3.列柱分隔

为增加相邻空间的视觉连续性，使两空间的关系更为密切，也可利用具有柱体特征的线帘加以分隔。柱距愈近，柱身越粗，分隔感越强（图4.16）。

4.利用基面或顶面高度的变化分隔

常用方法有两种：一是将室内地面局部提高或降低（图4.17）；二是将室内顶面局部降低或采用不同材质加以区分（图4.18）。把空间划分为两个相邻的空间，相邻两空间的连续程度依基面的高低而定。

5.利用建筑小品、灯具、软隔断分隔

通过喷泉、水池、花架等建筑小品对室内空间划分，不但保持了大空间的特性，而且能够活跃气氛（图4.19）。

> **特别提示**
>
> 室内空间的组合是室内空间设计的基础，而空间各部分的组合主要是通过分隔的方式来完成的。空间与空间的分隔和联系是相对的，相辅相成的。在进行分隔的时候，既要考虑到小空间的功能，又要考虑到大环境的统一协调。

> **课堂实训**
>
> 构思5种室内空间的划分手法，分别绘制透视效果图。

> **实训目的**
>
> 通过实训练习，认识和掌握室内空间的分隔方法。

图4.19　通过建筑小品分隔室内空间

4.3 空间的序列

空间的序列，是指空间环境先后活动的顺序关系，是建筑师按建筑功能给予空间的合理组织。各个空间之间有着顺序、流线和方向的联系。例如博物馆的空间序列设计，比火车站的要复杂一些，序列设计得要长一些。设计师在空间序列设计上要理清空间起始、空间过渡、空间高潮以及空间终结的关系。

4.3.1 序列设计的一般规律

室内空间布局的序列包括各个空间顺序、流线及方向等因素，每个因素的组合都必须根据室内空间中实用功能和审美功能的要求精心设计。在室内设计中，合乎逻辑的空间序列是一个连续、和谐的整体。

（1）起始——序列设计的开端，它预示着将展开的室内环境内容。因此，序列的设计要对人们有吸引力。

（2）过渡——是培养人的感情并引向高潮的重要环节，具有引导、启示、期待以及引人入胜的功能，同时起到增加空间序列节奏感的作用。

（3）高潮——序列设计中的主体，从"引人入胜"进入"情绪高涨"，使人在环境中产生种种最佳的感受。高潮的形成主要是以视觉中心的位置来确定的。

（4）终结——由高潮恢复到平静，也是序列设计中必不可少的一环，要使人有回味高潮的感觉。在一个有组织的空间中，既要放，也要收。只强调高潮部分不强调终结部分势必散乱空旷。

4.3.2 空间序列设计的手法

如前所说，空间序列设计规律，随其建筑功能的不同而变异。空间序列设计是设计师根据物质功能和精神功能的要求，运用各种建筑符号进行创作的。良好的序列章法要通过每个局部空间的装饰、色彩、陈设、照明等一系列艺术手段的创造来实现。因此，空间序列的设计手法非常重要。空间序列的组织，必须有起、有伏，有抑、有扬，具有鲜明的节奏感，具体说来有以下几种形式。

1.空间的导向性

所谓导向性，就是以建筑处理手法引导人们行动的方向。常用的如指示性符号、一面墙、一块颜色等。人们进入该空间，就会随着室内空间的布置，自然而然地随之行动。

良好的交通路线设计不需要指路标和文字说明牌，而是用建筑所特有的语言传递信息，与人对话。如用连续的货架、列柱、方向性的构成、地面材质的变化等强化导向，通过这些手法暗示或引导人们行动的方向和注意力。因此，室内空间的各种韵律构图和象征方向的形象性构图就成为空间导向性的主要手法。

形成空间的导向性和暗示作用常用的处理方法归纳起来有以下几种。

（1）曲面的墙体引导人流向某个确定的方向行动，同时暗示另一个空间的存在。这种处理方式就是以人流自然的趋向于曲线形式的心理特点为依据的。

（2）运用特殊形式的楼梯或特意设置的踏步处理，暗示上一层空间的存在。这种处理方式多用于垂直空间的导向和暗示（图4.20）。

（3）用顶界面、底界面的处理，暗示前进的方向。如在天花和地面上做出具有强烈方向性和秩序感的图案，也能够起到左右人前进方向的导向作用。

（4）运用空间的灵活分隔并结合灯光的设计，暗示出另一个空间的存在（图4.21）。

2.视觉中心

在一定范围内引起人们注意的目的物称为视觉中心。视觉中心有助于空间的功能表述，突出空间序列中的重点。空间的导向性有时只能在有限的条件下设置，因此在整个序列设计过程中，还须依靠视觉中心吸引人们的视线，勾起人们向往的欲望，控制空间距离。如中国园林通过廊、桥、矮墙为导向，利用虚实对比、隔景、借景等手法，以寥寥数石、一池浅水、几株芭蕉构成一景，这些都可视为在这个范围内空间序列的高潮。

视觉中心一般出现于主题空间或空间序列中重要的位置上，视觉中心的形成一般来说需要以下两个方面来实现。

（1）突出视觉中心目的物的体量或造型，或将其位置确定在主要空间的显著位置（图4.22）。

图4.20　楼梯暗示

图4.21　空间及灯光暗示

图4.22　客厅的视觉中心

(2) 运用对比的手法以小或低的次要空间反衬它、突出它。

3. 空间环境构成的多样与统一

空间序列的构思是通过若干相互联系的空间，构成彼此有机联系、前后连续的空间环境，它的构成形式是随着功能要求而呈现的。如在一个连续组合的空间中做好空间的高潮处理，这对于整个空间的秩序感和节奏感的形成至关重要；再比如空间序列还要处理好内、外部空间的过渡关系，即空间的开端和结尾部分，这样才能使室内外过渡自然，又不感觉平淡；另外还要处理好一系列室内空间的衔接，认真做好过渡空间的处理。过渡空间既可以起到收束空间的作用，也可以起到突出视觉中心的作用，增加空间的节奏感和完整性。"豁然开朗"、"出乎意外"、"别有洞天"、"先抑后扬"等空间处理手法，都是采用过渡空间以引向高潮。

综上所述，空间序列的组织实际上就是综合运用对比、重复、过渡、衔接、引导和暗示等一系列的空间处理手法，把整个室内的空间组织成一个有秩序、有变化、统一完整的空间。不同类型、不同功能的建筑，可以按照各自的需要来选择不同的空间序列形式。

特别提示

空间具有四维特征，步移景异，形成完整、动态的空间序列。在进行空间设计的时候要注重过渡空间以及序列中各个空间之间的关系。不同空间采用对比、重复、过渡、衔接、引导等空间处理手法，相互连贯、相互渗透、相互流动，形成有起伏变化、有节奏的空间序列。

课堂实训

构思一个充分体现"韵律"的空间。

实训目的

通过实训练习，掌握空间的组合以及空间序列的设计方法。

本章小结

本章主要讲述了室内空间的类型，室内空间的分隔方法，以及空间序列的设计手法，通过不同空间的衔接、渗透和组合，创造功能合理、丰富多彩、舒适优美的室内空间。

习　题

1. 选择题

　　(1) 空间类型包括（　　）。
　　　　A. 下沉空间　　B. 穿插空间　　C. 特异空间　　D. 简化空间

（2）空间的分隔方法有（　　　）。
　　　A．列柱划分　　B．地台划分　　C．织物划分　　D．家具划分

2．简答题

（1）简述空间的类型有哪些，并选出两种进行空间设计练习。要求画出平面图、立面图、透视草图。

（2）简述虚拟空间的分隔方法有哪些，并分析在客厅的设计中虚拟空间的形成。

（3）简述序列设计的一般规律。

3．案例分析题

中国传统建筑室内空间形体简单，但通过一系列的空间分割，使得室内空间变得丰富并富于变化，试分析其分隔空间的手法。

第5章 室内界面设计

教学目标

通过学习室内界面设计,掌握界面设计的使用要求、功能特点、构成方式、设计原则、装饰设计要点以及室内界面的处理手法。并通过设计实践,使学生能够灵活运用所学知识,结合工程实例,掌握室内界面的处理方法。

教学要求

能力目标	知识要点	权重
✦ 了解界面的设计要求	✦ 功能、环保、美观、经济	10%
✦ 三大界面的不同功能特点	✦ 地面、顶面、墙面的不同功能要求	10%
✦ 掌握不同界面的构成方式	✦ 三大界面的构成方式	20%
✦ 掌握界面的设计原则	✦ 功能原则、造型原则、材料原则、色彩原则、协调原则等	25%
✦ 掌握界面装饰设计要点	✦ 形状、质感、图案	15%
✦ 掌握三大界面的处理手法	✦ 三大界面在组合形式、结构造型、材料选择上的处理方式	20%

> **引　言**
>
> 　　室内空间划分之后，就要开始进行界面的处理，即进行室内界面设计。
> 　　室内界面设计，狭义上来说，指的是围合成室内空间的三大界面，即顶面、墙面、地面的形状、图案、色彩等方面的设计。广义上来说，除了三大界面以外还有隔断、楼梯、门窗等附属设施的使用功能和特点的分析；界面的形状色彩、图案线脚、材料肌理的设计；还包括界面和结构的连接构造；界面和风、水、电等管线设施的协调配合等方面的设计。
> 　　众所周知，室内空间是由地面、墙面、顶面三部分围合起来的。这三部分确定了室内空间大小和空间形态，从而形成了室内空间环境。但是室内空间环境效果并不是完全取决于室内界面，例如隔断、楼梯、门窗、护栏、服务台、吧台等配套设施，对室内空间环境气氛的烘托也会产生很大影响。因此，只有将这些室内界面的组成部分有机地结合起来，才能形成一个整体的、综合的空间环境。
> 　　同时，如何把握整体效果与局部的关系，也值得我们去深思。通过本章的学习将对室内界面设计的方方面面进行初步地了解。

5.1　室内界面的设计要求和功能特点

5.1.1　室内界面的设计要求

（1）耐久性。即要具有较长的使用期限。
（2）阻燃性。现代室内设计要尽量不使用易燃材料，避免使用燃烧时释放大量浓烟或是有毒气体的材料。
（3）环保性。即材料的有害物质散发气体及触摸时的有害物质低于核定剂量，对人体和环境无伤害。
（4）实用性。易于制作安装和施工，便于更新；还应该具有必要的隔热保温、隔声吸声性能。
（5）美观性。室内界面的装饰要体现环境美和意境美。
（6）经济性。材料的档次和价格要符合经济要求，力求节约，以相对较低的经济投入取得最好的装饰效果。

5.1.2　室内界面的功能特点

（1）地面——耐磨、防滑、易清洁、防静电等。
（2）墙面——遮挡视线、较高的隔声、吸声、保温、隔热要求。
（3）顶面——质轻、光反射率高、较高的隔声、吸声、保温、隔热要求。

特别提示

　　本着"以人为本"的设计原则，设计要求和功能特点是室内界面设计过程中优先考虑的因素。特别应该注意材料的选择方面。

> **知识链接**
>
> 卫生间的界面设计应首先考虑方便、安全、易于清洗及美观得体四个方面。由于卫生间湿度比较大,材料的选择上必须以防水材料为主。卫生间的墙面和顶面所占面积比较大,所以应选择既防水又抗腐蚀、防霉的材料,瓷砖、马赛克、强化板和具防水功能的塑料壁纸都能达到这些要求。天然石料如大理石虽然具有特殊的质感,但在狭小的卫生间内发挥不出它的效果。在地板方面,以天然石材装饰豪华又耐用;瓷砖清洗方便,容易保持干爽;而塑料地板的实用价值很高,加上饰钉后,其防滑作用更显著(图5.1)。

图5.1 卫生间界面设计

5.2 室内界面的构成方式

5.2.1 地面的构成

地面,是指室内空间的底界面或底面,一般建筑上称为"楼地面",包括楼面和地面。地面一般有三种构成方式:水平地面、抬高地面和下沉地面。

水平地面整体性比较强,在平面上没有明显高差,因此具有良好的空间连续性和空间模糊性。在具体的相邻空间中,采用不同地面的色彩或材质来增强可识别性或领域感。

抬高地面是指将空间中部分地面抬高,从而形成两个标高不同的空间,丰富了空间的层次(图5.2)。被抬高的空间在视觉上更加突出和醒目,成为整个空间的视觉焦点,所以具有明显的展示性和陈列性。例如教室中的讲台、舞厅中的舞台都是采用的这种处理手法。

图5.2 抬高地面

图5.3 下沉地面

图5.4 平整式顶棚

图5.5 凹凸式顶棚

下沉地面与抬高地面完全相反，是将空间中部分地面降低，用下沉的垂直面来限定不同的空间范围（图5.3）。这种空间也能很大程度上丰富空间的层次，并通过材质、质感、色彩等元素的处理增强空间的个性，使之与众不同。另外这种空间具有很强的保护性和内向性，常用来作为休息和会客场所。

5.2.2 顶面的构成

顶面是指室内空间的顶界面，也称为"天花板"。顶面是室内空间装饰中最富有变化，引人注目的界面，透视感较强，通过不同的处理方法，加以不同的灯具造型，更能增强空间的感染力，使顶面造型丰富多彩，新颖美观。从构成方式上，顶面同地面一样，也可以利用局部的降低或抬高来划分空间，丰富空间感，例如平整式顶棚、凹凸式顶棚。

平整式顶棚，整体感比较强，朴素大方，构造简单，适用于教室、办公室、展览厅等，它往往通过顶面的形状、质地、图案及灯具的有机配置来增加艺术感染力（图5.4）。

凹凸式顶棚是指空间中局部顶面有高差关系和凹凸层次（图5.5）。这种顶棚造型华美富丽，立体感强，适用于舞厅、餐厅、门厅等，但要注意凹凸层次不宜变化过多，要强调自身节奏韵律感以及整体空间的艺术性。

5.2.3 垂直面的构成

垂直面一般是指室内空间的墙面及竖向隔断等，往往是在人的视线中占比重最大、空间中最活跃、视觉感觉最强烈的部分。

垂直面在空间中具有很强的限定性，而限定性的大小取决于墙面的高度。当高度小于60cm时，基本上无围合感，两个空间是连续的整体；当高度达到150cm时，限定空间的程度增强，开始有围合感，但仍保持其连续性；当高度升到200cm以上时，失去连续性，划分为完全不同的两个空间。在布局上，垂直面一般有三种形式：L形、U形、平行垂直面。

L形垂直面，围合感比较弱的静态空间，适合作为休息或交谈空间（图5.6）。

U形垂直面，围合感比较强，比较常见的一种空间形式（图5.7）。

平行垂直面，这种形式限定出来的空间范围，具有强烈的导向性及方向感，是外向型的空间。例如走廊、走道等（图5.8）。

图5.6 L形垂直面

图5.7 U形垂直面

特别提示

室内空间的容量和形态与室内界面的构成互相影响。界面的构成可以使室内空间丰富多彩、层次分明，又能赋予室内空间以特性，同时还有助于加强室内空间的完整性。

图5.8 平行垂直面

应用案例

对于层高比较低的空间，如图5.9，如何进行顶面构成的设计？

提示：

（1）空间对比——降低四周标高，中间部分则看上去有增高的效果。

（2）色彩对比——四周墙面颜色较深，而顶面颜色较浅（如蓝天白云），可以缓解楼层低带来的压抑的感觉。

图5.9　层高较低的空间顶面设计

5.3　室内空间界面的设计原则与要点

5.3.1　室内空间界面设计的原则

1. 功能原则

当代著名建筑大师贝聿铭有这样一段表述："建筑是人用的，空间、广场是人进去的，是供人享用的，要关心人，要为使用者着想"。可见，使用功能的满足是室内空间界面设计的第一原则。界面设计在室内空间环境的整体氛围上，要满足不同室内空间的特定要求。例如，起居室功能是会客、娱乐、视听等，主墙界面的设计就要满足这样的功能（图5.10）。

图5.10　电视背景墙设计

2. 造型原则

室内界面设计中的造型表现占很大的比重。其形状特点、构造组合、结构方式使得每一个最细微的建筑部件都有可能作为独立的装饰对象。门窗、墙面、地面、天棚、楼梯、栏杆等构件都可以利用各种造型艺术手段，例如图案、壁画、几何形体、线条等，达到新颖独特、具有艺术表现力的装饰效果（图5.11）。

图5.11 室内界面造型设计

3. 材料原则

不同功能空间的不同界面、不同部位选择不同的材料，通过材料质地本身的美感以及不同质感的对比与衬托，增强艺术表现力，从而更好地体现室内设计的风格。质粗给人稳重、浑厚的感觉，质细给人精致、轻巧的感觉。一般来说，大空间、大面积，质宜粗；小空间、小面积，质宜细。而界面质感的丰富与简洁，粗犷与细腻，都是在比较中存在，在对比中体现的。

另外在材料的选用上，还应注意"精心设计、巧于用材、优材精用、常材新用"，力求用新颖美观的、无污染的、质地和性能较好的、经济实惠的界面材料创造出符合空间功能的装饰效果，如图5.12就是巧用材料的质感，塑造出优雅的室内氛围的。

图5.12 巧用材料塑造优雅氛围

> **知识链接**
>
> 随着人们对室内设计中环保问题的重视，国家质量监督检验检疫总局和国家标准化管理委员会发布《室内装饰装修材料有害物质限量》等10项国家标准，自2002年1月1日起正式实施。2002年7月1日起，市场上停止销售不符合该国家标准的产品。
>
> 10项标准是：
>
> 《室内装饰装修材料人造板及其制品中甲醛释放限量》（GB 18580–2001）；
> 《室内装饰装修材料溶剂型木器涂料中有害物质限量》（GB 18581–2001）；
> 《室内装饰装修材料内墙涂料中有害物质限量》（GB 18582–2001）；
> 《室内装饰装修材料胶粘剂中有害物质限量》（GB 18583–2001）；
> 《室内装饰装修材料木家具中有害物质限量》（GB 18584–2001）；
> 《室内装饰装修材料壁纸中有害物质限量》（GB 18585–2001）；
> 《室内装饰装修材料聚氯乙烯卷材地板中有害物质限量》（GB 18586–2001）；
> 《室内装饰装修材料地毯、地毯衬垫及地毯用胶粘剂中有害物质释放限量》（GB 18587–2001）；
> 《室内装饰装修材料混凝土外加剂中释放氨的限量》（GB 18588–2001）；
> 《建筑材料放射性核素限量》（GB 6566–2001）。

4. 色彩原则

色彩在室内设计中是一种效果显著、工艺简单、成本经济的装饰手段。人们进入一个空间，感受最强烈、印象最深的就是室内的色彩，因此在空间界面的设计上要充分利用色彩的表现效果。一般来说，顶面、墙面、地面、家具颜色从浅逐渐变深。室内设计时，应先确定室内环境的主色调，然后通过界面、家具、陈设品色彩的协调对比，共同营造出优美典雅的室内气氛和意境（图5.13）。

5. 协调原则

室内空间各界面的装饰风格要一致，并与室内空间的功能要求相协调，进而达到高度的、有机的统一。

另外还应该考虑界面设计与空调、音响、换风等设施的协调。尤其是在顶面设计中必须与空调、消防、照明等到有关设施密切配合，尽可能使顶面上部各类管线协调配置（图5.14）。

6. 经济原则

室内设计中，从实用的角度去思考界面处理在材料、工艺等方面的造价要求，力求简洁、经济、合理。

图5.13 室内色彩设计

图5.14　顶面设计与空调、消防、照明等设备的协调原则

5.3.2 室内空间界面设计的要点

1．形状

室内空间形状是由点、线、面相互交错组织而成的。

1）线

构成室内空间界面的线，可以反映空间的形态，体现装饰的静态或动态，调整空间感，增加装饰的精美程度。主要有直线（水平线、垂直线、斜线）、曲线（几何曲线、自由曲线）、分格线和表面凹凸变化而产生的线。不同的线表现不同的感情性格，带给人们不同的心理感受。例如，直线能够表现一种力量的美，具有简单明了、直率的性格。进一步从线的方向来讲，垂线给人严肃、庄重、高尚的感觉，水平线具有平和、肃静、开阔的感觉，而斜线给人不稳定、运动的感觉，曲线可以让人体会到一种速度、动力、弹性，自由曲线更能给人自由、优雅的感受（图5.15）。

图5.15　自由曲线

线在室内设计中是无处不在的。例如，柱身的槽线可以把人们的视线引向上方，增加柱子的挺拔感；沿走廊方向表现出来的直线，可以使走廊显得更深远；剧场顶棚弯向舞台的弧形分格线，有助于把人的视线引向舞台；而向中心发散的放射线，则把人们的注意力引向室内的视觉中心（图5.16）。

图5.16　放射线

2）面

室内空间界面的面是指墙面、地面、顶面的形以及面的各种表现形式。面同样也具有性格特征，例如直线形具有安定、简洁、井然有序的感觉；曲线形华美而柔软、富有肌理的秩序感；自由曲线形富有个性优雅和魅力，富有人情味的温暖情调。另外，棱角尖锐形的面，给人以强烈、刺激的感觉；圆滑形的面，给人以柔和活泼的感觉；梯形的面给人以坚固和质朴的感觉；圆形的面中心明确，具有向心力和离心力的感觉。圆形和正方形属于中性形状，因此，设计者在创造具有个性的空间环境时，常常采用这两种之外的非中性的自由形状。

2. 质感

质感是材质给人的感觉与印象，是材质经过视觉和触觉处理后产生的心理现象，它包括自然质感（如石头、竹子）和人工质感（如水磨石、镜面玻璃）两种（图5.17、图5.18）。

图5.17　自然质感

图5.18　人工质感

在室内空间界面装饰设计中，应根据其性格特征，把握以下几点。

（1）材料与空间性格相吻合。装饰材料的不同性格对室内空间的气氛影响很大，所以室内界面材料的选用应该能够体现空间的性格，使两者和谐统一。例如，娱乐空间易采用明亮、华丽、光滑的玻璃和金属等材料，可以给人以豪华、优雅的感觉

（图5.19）；而休闲空间适合选用织物、竹、木等材料组合，可以给人舒适、自然的感觉（图5.20）。

（2）设计中要充分展示材料自身的内在美。天然材料具备许多人工无法模仿的美的要素，如图案、色彩、纹理等，如石材中的花岗岩、大理石，木材中的水曲柳、柚木、红木等，都具有天然的纹理和色彩（图5.21）。因此，在材料的选用上，并不意味着高档、高价便能出现好的效果；相反，只要能使材料各尽其用，即使花较少的费用，也可以获得较好的效果。

（3）要注意材料质感与距离、面积、形状的关系。同种材料，当距离远近、面积大小不同时，它给人们的感觉往往是不同的。例如，镜面的金属材料，适合用于面积较小的地方，尤其在作为镶边材料时，显得光彩夺目，大面积容易给人凹凸不平的感觉；毛石墙面近观很粗糙，远看则显得较平滑。因此，在设计中，应充分把握这些特点，并在大小尺度不同的空间中巧妙地运用。

（4）与使用要求相统一。对不同使用要求的空间，必须采用与之相适应的材料。例如，影剧院、音乐厅、办公室、微机房等不同功能空间，应根据隔声、吸声、防潮、防火、防尘、光照等方面不同的要求，选用不同材质、不同性能的材料。

（5）材料的经济性。选用材料必须考虑其经济性，要以最低的成本取得最佳的装饰效果。即使要装饰高档空间，也要搭配好不同档次的材料，若全部采用高档材料，反而给人以浮华、艳俗之感。

3. 图案

形与色的组合即为图案，它对环境的协调与变化有着直接影响。

1）图案的作用

（1）图案可以利用人们的视觉来改善界面或配套设施的比例。带有水平方向的图案在视觉上使墙面显宽（图5.22），带有竖直方向的图案在视觉上使墙面增高（图5.23）。

（2）图案可以赋予空间静感或动感。纵横交错的直线组成的网格图案，会使空间具有稳定感；斜线、折线、波浪线和其他方向性较强的图案，则会使空间富有运动感。

（3）图案还能使空间环境丰富多彩和具有某种气氛和情趣。例如，装饰墙采用带有透视性线条的图案，与顶棚和地面连接，给人浑然一体的感觉。

2）图案的选择

（1）在选择图案时，应充分考虑空间的大小、形状、用途和性格。动感强的图案，最好用在入口、走道、楼梯和其他气氛轻松的公共空间，而不宜用于卧室、客厅或者其他气氛闲适的房间；儿童用房的图案，应该富有更多的趣味性，图案活泼，色彩鲜艳；而成人用房的图案，则应色彩淡雅，图案稳定和谐，慎用纯度过高的色彩。

（2）同一空间在选择图案时，宜少不宜多，通常不超过两个图案。如果选用三个或三个以上的图案，则应强调突出其中一个主要图案，减弱其余图案，否则会造成视觉上的混乱。

图5.19 豪华优雅的娱乐空间采用玻璃、金属等现代感较强的材料,有豪华、优雅的感觉

图5.20 休闲空间采用自然、温馨、舒适的竹木、织物等材料,有舒适、自然的感觉

图5.21 天然材料在室内设计中给人清新自然的美感

图5.22 水平方向条纹墙面　　　　　图5.23 竖直方向条纹墙面

> **特别提示**
>
> 室内界面的整体设计影响着空间的整体氛围，又通过界面的形状、质感、图案的细部处理影响着空间的性格。
>
> 在尺度较小的室内空间中，可以从界面的空间形状（简单的几何形）、质感（光滑、细腻的镜面玻璃）、色彩（可选择能扩大空间感的色调）、图案（色彩淡雅的小图案）等方面来增加室内的空间感。

5.4 空间界面的处理手法

5.4.1 顶面

空间的顶界面最能反映空间的形状及关系。对空间顶界面的处理，可以使空间关系明确，达到建立秩序，克服凌乱、散漫，分清主从，突出重点和中心的目的。而顶面空间的组合形式、结构造型、材质、色彩、光影以及灯饰等方面的整体设计，更能造就不同的环境氛围和艺术特色。

顶面在组合形式上，和空间的功能布局联系较紧密，例如平滑式顶棚构造简单，平整大方，适用于教室、办公室、展览厅、候车室等空间；分层式顶棚通过不同层次间的高度差、每个层次的组合形式以及灯具、通风口之间的结合方式，形成丰富多彩的灯光效果；井格式顶棚是由纵横交错的主梁、次梁组成的类似井格的顶棚形式，它通过顶棚的中间或交点来布置灯具、石膏花饰或彩绘，表现特定的气氛或主题，渲染室内空间气氛（图5.24）；悬挂式顶棚是在顶棚承重结构下面悬挂各种折板、格栅或饰物，从而满足声学、照明等方面的特殊要求，或者为了追求某种特殊的装饰效果（图5.25）。

图5.24 井格式顶棚

图5.25 悬挂式顶棚

顶面在结构造型上，一般是在原结构形式的基础上对其进行适度的掩饰与表现，以展示结构的合理性与力度美。或是大胆地运用直线、弧线、圆形、方形与点、线、面的结合，丰富顶棚层次，达到新颖独特、富有现代感的装饰效果。例如，线形顶棚造型能产生明确的方向感（图5.26）；圆形顶棚则能产生很好的向心力和凝聚感（图5.27）；单坡形顶棚给人向上的方向性（图5.28）；双坡形顶棚产生向中间屋脊的聚心力，给人一种安全感（图5.29）。

顶棚材料的选择，在质地、色彩、光影等方面的处理上应本着室内空间"上轻下重"的设计原则，做到轻巧大方，有特殊气氛要求的空间除外。例如，开敞式吊顶一般采用将顶棚结构涂黑，并用明亮的光线照射投射下来，通过光线强烈的明暗对比，将人们的注意力集中在地面或台面，而不去注意顶棚的结构情况，起到营造特殊气氛的目的。

图5.26　线形顶棚

图5.27　圆形顶棚

图5.28　单坡形顶棚

图5.29　双坡形顶棚

5.4.2 墙面

墙面是室内界面中面积最大的界面，是家具陈设及景观展现的背景和舞台，所以它的处理对整个空间的装饰效果影响最大，在很大程度上可以体现空间装饰的风格。要想获得理想的空间艺术效果，必须处理好墙面的组合形式、结构造型、材料质感、以及色彩光感等方面协调统一。

不同的组合形式的墙面形成不同的美感体验。规则、平整的墙面给人稳定、平和的感觉；不规则墙面则具有动感和生动美，营造活泼、欢快的气氛。

墙面的结构造型主要体现在造型形式的组织，线条、纹理、图案等元素通过一定的规划布置，渲染空间氛围，提高墙面装饰的艺术感染力。例如，线条与纹理横向划分，可使空间向水平方向延伸，给人安定的感觉；墙面线条与纹理纵向划分，可增加空间的高耸感，使人产生兴奋的情绪。对于比较低矮的空间采取纵向划分的处理手法，可以抵消空间给人造成的压抑感。大图案可使空间界面向前提，使人感觉空间缩小（图5.30）；小图案可使空间界面后退，空间有扩大之感（图5.31）。

墙面的材料多种多样，往往通过材质本身的质感变化形成丰富的肌理效果，或淳朴，或华丽，或粗犷，或细腻，交相辉映，灵动异常。

另外，在墙面的处理中，还应根据室内空间的特点，处理好门窗的关系。通过墙面的处理体现出空间的节奏感、韵律感和尺度感。

5.4.3 地面

地面在人的视线中比较开阔，在功能分区上划分明确，作为室内空间的平整基面，它是室内环境的重要组成部分。因此地面的设计在必须具备实用功能的同时，又应给人一定的审美感受和空间感受。

在材料选择上，不同质地和效果，给人以不同的感受。例如，木地板因本身的色彩肌理给人纯朴自然的感觉；石材则以光滑的外表和纹理给人稳重大方的感觉，并可以通过不同色彩的石材板块拼嵌成图案增强装饰效果；地毯地面在保护装饰地面的同时，更重要的是可以改善和美化环境，提高室内空间的艺术感染力。

图5.30 大图案使空间缩小

图5.31 小图案使空间扩大

图5.32　正方形地面材料

图5.33　非正方形地面材料

地面的组合形式，例如块面大小、划分形式、方向组织等对室内空间也有很大的影响。一般来说，地面分块大，室内空间显得小，反之则显得大。而采用不同的组合方式也会产生不同的视觉效果。正方形地面材料是最常见的，给人稳定、大方的感觉（图5.32）；非正方形形体则具有一定的方向性，可以起到延伸空间或破解空间的效果（图5.33）。具体案例中要结合空间的功能布局，地面的组合形式既能体现功能分区，又能有序地反映出空间的主从流线。

另外，为了活跃室内气氛、增加生活情趣或是起到标识、暗示某种信息的作用，地面经常会采用拼花图案，或是完整独立的图案，形成空间的视觉中心；或是连续的、变化的图案，追求一定的连续性和韵律感，起到导向性的效果；或是具有抽象意义的图案，给人自在轻松的感觉。

特别提示

在界面设计中，最重要的就是不同界面在组合形式、结构造型和材料选择等方面的处理手法。

本章小结

本章主要讲解了界面设计的使用要求、功能特点、构成方式、设计原则、装饰设计要点以及室内界面的处理手法。

习　题

1. 简答题

（1）室内界面的设计要求和原则有哪些？

（2）简述界面色彩的使用原则。

2. **思考题**

在阅读以下设计案例后（如图5.34所示），做界面的分析，并写出分析报告。（其中包括色彩的应用、空间分隔形式及光影处理等。）

图5.34　某咖啡馆设计

第6章 室内色彩设计

教学目标

通过对室内色彩设计的学习,使学生了解室内色彩的基本要求,掌握室内色彩的设计方法,能结合流行元素,为室内空间创造出不同的设计风格和绚丽多彩的环境氛围。建立与实践操作能力相结合的训练体系,培养学生的实际工作能力和审美能力。

教学要求

能力目标	知识要点	权重
★ 理解色彩配色	★ 色彩基础知识	20%
★ 审美能力	★ 色彩观点、色彩运用观点	25%
★ 色彩运用、设计能力	★ 室内设计中的色彩运用	55%

> **引 例**
>
> 色彩学家曾经做过这样的实验，将一个工作场地涂成蓝灰色，另一个工作场地涂成红橙色。这两个工作场地的客观温度条件相同，工人的劳动强度也一样的情况下，在蓝灰色工作场的人在温度为15℃时感到冷，但在红橙工作场地的人在温度从15℃降到12℃时仍不感觉冷。这证明了色彩的温度感对人的影响力。原因是蓝色能降低血压，血流变缓即有冷的感觉；红橙色则引起血压增高，血液循环加快即有暖感。
>
> 除了这些，请举例说明室内色彩对人产生的心理影响还有哪些？

6.1 色彩对人的影响和作用

6.1.1 色彩的基本类型和情感

室内设计色彩是最具情感的设计元素，也是室内设计中的重要环节。色彩与人的心里感觉和情绪有千丝万缕的关系，因为人生活在色彩之中，离不开色彩。当人通过视觉感受到色彩时，视觉经验与视觉刺激产生共鸣，从而激发色彩情感。例如黑色一般只用来作点缀色，试想，如果房间大面积运用黑色，人们在情感上一般很难接受，感觉非常的压抑。一般情况下，各种色彩运用于室内中给人的感觉是不同的，具体的体现如下。

1. 红色

运用于室内设计中会产生强烈的视觉冲击，传达给人热烈、温暖、喜庆、自由奔放的感觉（图6.1）。红色是所有色彩中对视觉感觉最强烈和最有生气的色彩，它具有促使人们注意和似乎凌驾于一切色彩之上的力量。它炽烈似火，壮丽似日，热情奔放如血，是崇高生命的象征。深红及带紫味的红给人感觉是庄严、稳重而又热情的色彩，常见于欢迎贵宾的场合。含白的高明度粉红色，则有柔美、甜蜜、梦幻、愉快、幸福、温雅的感觉，几乎成为女性的专用色彩。

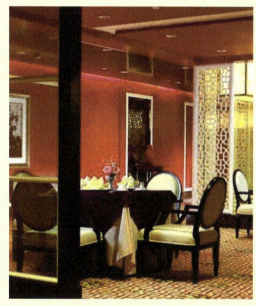

图6.1 以红色为主色调的空间

图6.2　以黄色为主色调的空间

2. 黄色

室内设计中运用较多的色彩，它可以让人产生温馨、柔美的感觉，同时代表明朗、愉快、高贵和希望（图6.2）。黄色在色相环上是明度最高的色彩，它光芒四射，轻盈明快，生机勃勃，具有温暖、愉悦、提神的效果，常作为积极向上、进步、文明和光明的象征，但当它浑浊时，就会显出病态和令人作呕。

3. 绿色

运用于室内设计中能产生清新、舒适、平静的感觉。绿色是大自然中植物生长、生机盎然、清新宁静的生命力量和自然力量的象征，代表和平、柔和、安逸。从心理学上说，绿色能令人平静、松弛而得到休息。人眼晶体把绿色波长恰好集中在视网膜上，因此它是最能使眼睛休息的色彩。所以，在崇尚健康环保的现代室内设计中是常用的色彩（图6.3）。

图6.3　以绿色为主色调的空间

4. 蓝色

运用在室内设计中会产生清爽、宁静和优雅的感觉，多用于办公空间（图6.4）。蓝色有镇定作用，能缓解紧张心理，代表深远、永恒、沉静、理智、诚实和寒冷。蓝色从各个方面都是红色的对立面，在外貌上，蓝色是透明和潮湿的，红色是不透明和干燥的；在心理上蓝色是冷的、安静的，红色是暖的、兴奋的；在性格上，红色是粗犷的，蓝色是清高的；对人机体作用，蓝色降低血压，红色增高血压。

图6.4　以蓝色为主色调的空间

5. 紫色

紫色是红、青色的混合色,是一种冷红色和沉着的红色,它精致而富丽,高贵而迷人。运用在室内设计中会产生浪漫柔情的效果(图6.5)。紫色代表优雅、高贵、魅力、自傲。偏红的紫色,华贵艳丽;偏蓝的紫色,沉着高雅,常象征尊严、孤傲或悲哀。紫罗兰色是紫色较浅的阴面色,是一种纯光谱色相,紫色是混合色,两者在色相上有很大的不同。

图6.5 以紫色为主色调的空间

6. 白色

较多地运用于室内设计中,它可以让人产生理智、宽敞、明亮的感觉,代表纯洁、纯真、朴素、神圣、明快(图6.6)。在它的衬托下,其他色彩会显得更鲜丽、更明朗。但是多用白色还可能产生平淡无味的单调、空虚之感。

7. 灰色

运用在室内设计中会产生宁静柔和室内气氛,代表忧郁、消极、谦虚、平凡、沉默、中庸和寂寞。它不像黑色与白色那样会明显影响其他的色彩,因此作为背景色彩非常理想。任何色彩都可以和灰色相混合,略有色相感的灰色容易给人以高雅、细腻、稳重、精致、文明而有素养的高档感觉(图6.7)。

8. 黑色

运用在室内设计中会产生安定、平稳的室内气氛,代表崇高、坚实、严肃、刚健和粗犷。黑色的组合适应性极广,无论什么色彩,特别是鲜艳的纯色与其相配都能取得赏心悦目的良好效果。但是不能大面积使用,否则,不但其魅力大大减弱,还会产生压抑、阴沉的恐怖感。如果配一点自然材质或明亮的色调,黑、灰色厚重幽深的魅力将发挥得更为完善,是很有特色的设计(图6.8)。

图6.6 以白色为主色调的空间

图6.7 以灰色为主色调的空间

图6.8 以黑色为主色调的空间

9.粉色

温柔的最佳诠释,这种红与白混合的色彩,非常明朗而亮丽,粉红色意味着"似水柔情"。经实验,让发怒的人观看粉红色,情绪会很快冷静下来,因粉红色能使人的肾上腺激素分泌减少,从而使情绪趋于稳定(图6.9)。孤独症、精神压抑者不妨经常接触粉红色。对工作压力较大的人群也比较适合,如高级白领等管理层人士。室内的织物、墙面、窗帘等处都可设计成粉红色,男性居住者可适当减少用色面积。粉红色的波长与紫外线的波长十分接近,表面给人温柔舒适感,但长期生活在粉红色环境里会导致视力下降、听力减退、脉搏加快,长期穿着粉红色衣着会削弱人的体质,因此在居室设计中不宜大量运用。

图6.9 以粉色为主色调的空间

一般说,浅蓝、浅黄、橙色益于保持精神集中、情绪稳定,而白色、黑色、棕色对提高学习不利。医学家发现,病人房间的淡蓝色可使高烧病人情绪稳定,紫色可使孕妇镇静,赭色则能帮助低血压病人升高血压。如何正确理解色彩的心理作用,并恰当运用在居室中,是时代给我们设计师提出的新课题。

6.1.2 室内色彩对人的心理影响

人的生活圈中,处处都离不开色彩。马克思曾说:"色彩的视觉是一般美感中最大众化的形式。"在现代生活中,人为的色彩越来越多,色彩的调配与运用得当,会给人们的生活环境增添无比的美感;而不协调的色彩对人的心理、生理、情绪甚至健康却会产生恶劣的影响。现在社会已开始治理噪声和环境污染,唯有不协调的色彩无人过问,似乎它对人们的生存并无直接危害,其实是被人们忽视了。例如,在美国加州,一座监狱的看守长为犯人寻衅闹事而苦恼。有一次,他偶然把一伙狂暴的犯人换到一间浅绿色的牢房,奇迹就发生了——那些原来暴跳如雷的犯人,就好像服用了镇静剂一样,渐渐平静下来。看守长由此受到启发,便把囚室漆成绿色,于是犯人闹事事件随之减少。

近年来,各国科学家和心理学家对纯色进行细致的研究发现,五颜六色的生活空间环境和家具摆设,将会成为一种有益健康的"营养素",反之则对健康不利。

在现代室内设计中,采用米色系装修房屋的人占了多数,如白色、乳白色、米色。米色系是大众普遍能接受的颜色,也是对人影响最小的颜色,不论你是焦躁的还是好动的,在米色系的房屋里基本都能保持一个平和的心态。而红色对于失眠、神经衰弱或有心血管病的人来说,容易加重病情,所以在装饰居室时不提倡住户在屋内大面积地使用红色。在装修中蓝色、绿色是较受欢迎的两种(图6.10、图6.11)。蓝色能让人沉静,它可以调节生理平衡,尤其是对孕妇,可以消除紧张,提高睡眠质量。

图6.10 蓝色室内装饰

图6.11 绿色室内装饰

另外，大多数的家长都会选择在孩子的房间内用绿色进行装饰，既显得生机勃勃，又可以让好动的小孩子慢慢安静下来，起到镇静的作用。

6.2 室内色彩的基本要求

1. 色彩特性

一种颜色要经过仔细研究才能弄清它的特性。例如，蓝色被认为最难搭配的颜色之一，因为它很容易被其他颜色影响。例如，海蓝色——蓝色调入黑色，凫蓝——蓝色调入绿色，婴儿蓝——冷色调的浅蓝色，乡村蓝——中和过的蓝色，美国蓝——一种纯的深蓝色，品蓝——一种暗的略带紫色的蓝色。因此我们要先分析颜色的特性，从而进一步认识它对空间关系的影响。

2. 底色分析

被添加到一种基本色调中的那种颜色即是底色。它可以使任何颜色变成冷色或暖色，例如，加黄色系就会偏更暖，加蓝紫色系就会偏更冷。中和过或者降低色差的颜色可以调和成一种色系，褐色系列的颜色可以相互调配，纯色或与之同色调的淡色或暗色也可以和谐搭配（图6.12）。

图6.12 以蓝色和褐色为底色的空间

3. 色彩样本

使用很小的色彩样本很难选择颜色，微小的颜料色条几乎显示不出整面墙体的粉刷效果，可能会显得更暗、更浅或更浓。不过可以把小部分的涂料粉刷到墙上或大木板上有助于评断真实的颜色和装饰效果。

4. 色彩风格

1）典雅风格

典雅风格理念是指一种和谐调配颜色的理论，调和在一起的颜色能长期保持迷人魅力，这个理论的依据是自然界颜色搭配比例。这个理念是指在明暗度和浓度上相近的颜色里，再加上些许强烈的衬托颜色和多种其他色，以避免装饰色彩的单调乏味，适用于平静沉稳的居室氛围（图6.13）。

2）中性风格

这一风格包括白色系、灰白色系、黑色系和深灰色、褐色或米黄色。其中白色系在视觉上有扩大空间的感觉，淡雅、敞亮、深远；洁净清新的灰色系与相应的暖色或冷色搭配都显得很和谐（图6.14）。

图6.13　典雅风格

图6.14　中性风格

3）艳丽风格

一般常用对比色或明度和纯度较高的颜色，这一风格适用于年轻人或儿童（图6.15）。

6.3 室内色彩的设计方法

1. 对设计对象的调研

调研首先要对设计对象，包括被设计空间的用途、特点与功能，空间使用人的职业、年龄，以及空间设计所需材料、工艺与技术等做详细调研，通过调研形成色彩设计倾向及色彩设计思路。调研可通过问卷、访问、资料查阅等手段进行。

2. 室内色彩类型

（1）装修色彩。如墙面、门、窗、通风孔、博古架、墙裙、壁柜等，它们常和背景色彩有紧密的联系（图6.16）。

图6.15 艳丽风格

图6.16 装修色彩

图6.17　主色调为绿色的房间

图6.18　主色调为黄色的房间

图6.19　主色调为褐色的房间

图6.20　主色调为米色的房间

（2）家具色彩。不同品种、规格、形式、材料的家具，如橱柜、梳妆台、床、桌、椅、沙发等，它们是室内陈设的主体，是表现室内风格、个性的重要因素，它们和背景色彩有着密切关系，常成为控制室内总体效果的主体色彩（图6.17、图6.18）。

（3）织物色彩。包括窗帘、帷幔、床罩、台布、地毯、沙发、坐椅等织物。室内织物的材料、质感、色彩、图案多种多样，五光十色，千姿百态，和人的关系更为密切，在室内色彩中起着举足轻重的作用，如不注意也可能成为干扰因素。织物也可用于背景，也可用于重点装饰（图6.19、图6.20）。

（4）陈设色彩。灯具、电视机、电冰箱、热水瓶、烟灰缸、日用器皿、工艺品、绘画雕塑等，它们体积虽小，却可起到画龙点睛的作用，不可忽视。在室内色彩中，常作为重点色彩或点缀色彩（图6.21）。

（5）绿化色彩。盆景、花篮、吊篮、插花等不同花卉、植物，有不同的姿态、色彩、情调和含义，和其他色彩容易协调，对丰富空间环境、创造空间意境、加强生活气息、软化空间肌体、柔化空间性格有着特殊的作用（图6.22）。

根据上述分类，常把室内色彩概括为三大部分。

（1）作为大面积的色彩，对其他室内物件起衬托作用的背景色。

（2）在背景色的衬托下，以在室内占有统治地位的家具为主体色。

（3）作为室内重点装饰和点缀的，面积小却非常突出的重点或强调色。

室内空间的背景、主体和重点，是色彩设计首先应考虑的问题。同时，还应考虑不同色彩物体之间的相互关系形成的多层次的背景关系。如沙发以墙面为背景，沙发上的靠垫又以沙发为背景，这样，对靠垫说来，墙面是大背景，沙发是小背景或称第二背景（图6.23）。

此外，在许多设计中，如墙面和地面的设计，也不一定只是一种色彩，可能会交叉使用多种色彩，图形色和背景色也会相互转化，必须予以重视。

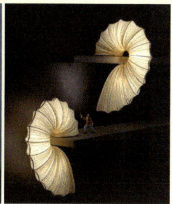

图6.21　陈设色彩

图6.22　绿化色彩

图6.23　居室客厅设计中的背景色、主体色和强调色

3. 室内设计色彩构成原则

色彩的统一与变化，是色彩构成的基本原则。为达到此目的，应着重考虑以下问题。

（1）主调：室内色彩应有主调或基调，冷暖、性格、气氛都通过主调来体现。

（2）大部位色彩的统一协调。

（3）运用色彩的构成要素，加强色彩的魅力。

应用案例

1. 某酒店色彩设计分析

通过淡雅、明快的色调与中西合璧的家具组合，向客人传递着家一样温馨、舒适的感受。现代化的网络设施深入客房设计之中，使酒店客房设施进一步满足现代人生活的需要。用纯净、淡雅、明快的米黄色调作背景，衬托高品位的家具、灯具及艺术品陈设，结合突出的立体感与节奏感，烘托出酒店高雅的文化氛围，这成为贯穿酒店各区域设计的基本准则（图6.24）。

2. 某专卖店色彩设计分析

（1）商品特点：职业女装专卖。

（2）设计方案：店内分成两大部分，一部分是半开放的展示厅，使顾客置身其间有宾至如归的感觉，内设展台，商品为女式衣服配件，用展柜、展架分别陈列；另一部分则为开放式大厅，分别展示和陈列女套装；店内空间采用直线式设计，色彩以米色为基调，再用咖啡色点缀。

（3）设计风格：展示空间既营造了一种日常生活的情景，又加强了私密性和安全感；直线式设计和色彩方案均体现了职业妇女自主自立的形象和成熟女性的特点，使顾客能对商品产生共鸣（图6.25）。

3. 幼儿园色彩设计分析

幼儿园环境与孩子始终共存，孩子与环境相处的方式直接影响着孩子的成长质量，幼儿园环境设计除了要考虑安全、健康、卫生等要求外，还表现在以下几个方面。

图6.24　酒店色彩设计

图6.25　专卖店色彩设计

(1) 用空间创造更多幼儿活动场地。此设计保证了幼儿宽敞的活动场地，场地中分为多个大小区域，以迎合幼儿走动式、站立式、个人式、小组式的学习方式，相对封闭与较为开放空间以适当比例安排。

(2) 儿童需要亮丽、自然的色彩。亮丽、自然、和谐的色彩环境比较符合儿童活泼、天真的心理特征，也是儿童生理和心理的需要（图6.26）。

图6.26 幼儿园色彩设计

本章小结

本章重点围绕室内空间讲述色彩的基本理论、室内色彩的基本要求和室内色彩的设计方法等。

色彩不仅给人的印象深刻，使人增加识别记忆的作用；它还是最富情感的表达要素，可因人的情感状态产生多重个性，所以在设计中色彩恰到好处的处理能起到融合表达功能和情感的作用，具有丰富的表现力和感染力。

习 题

1. 简答题

    (1) 阐述你对色彩的认识以及你最喜欢的室内设计中的色彩搭配。

    (2) 在一个红色或蓝色的空间中，人会是什么样的感受？

    (3) 黄色具有什么特点，多运用于什么空间？

2. 案例题

    空间色彩整合训练流程：调研、分析、定位、色彩构图草稿、色彩设计成稿。

    (1) 客厅或卧室室内色彩设计训练。

    (2) 室内色彩搭配练习（利用春、夏、秋、冬四季节进行客厅、卧室、餐厅、厨房、卫生间色彩训练）。

(3) 色彩实训设计儿童房色彩(男孩6岁)。
(4) 色彩实训设计新婚夫妇的卧室色彩。
(5) 室内色彩搭配练习(利用春、夏、秋、冬四季节进行客厅、卧室、餐厅、厨房、卫生间色彩训练)。

第7章 室内光环境设计

教学目标

通过本章的学习，对室内光环境设计的理论知识应有所了解，掌握室内光环境设计的原则，熟悉室内光环境的设计程序，能够运用所学知识对建筑空间环境进行综合光照设计，创造合理的室内光环境。

教学要求

能力目标	知识要点	权重
✦ 了解一些关于光的基础知识	✦ 自然光、人造光、照度、亮度、色温、显色性、眩光	20%
✦ 掌握室内光环境的设计原则	✦ 安全性原则、实用性原则、美观性原则、经济性原则	10%
✦ 熟悉室内光环境的设计程序	✦ 明确照明设施的用途和目的、确定适当的照度、确定照明方式、选择光源、选择灯具	70%

引言

光是地球生命的来源之一，人的视觉依赖光而存在，光是人类认识外部世界的工具。

无论是在公共场所还是在家中，光的作用都影响到每一个人，光可以形成空间、改变空间、美化空间，也能破坏空间，我们要通过设计充分利用光的特性去创造我们所需要的光环境，它直接影响到人对物体大小、形状、色彩和质地的感知。

所以，室内光环境是室内设计的重要组成部分之一，在设计之初就应该加以考虑。

7.1 光的基本概念

从本质上来说，光是人的眼睛所能观察到的一种辐射。有实验证明光就是电磁辐射，这部分电磁波的波长范围约在红光的0.77μm到紫光的0.39μm之间。波长在0.77~1000μm左右的电磁波称为"红外线"。波长在0.04~0.39μm的称"紫外线"。红外线和紫外线不能引起视觉，人们肉眼所能看到的可见光只是整个电磁波谱的一部分。

图7.1 自然光

1. 自然光

我们在白天才能感受到日光，日光由直射地面的阳光和天空光组成。自然光主要是指日光，通常将室内对自然光的利用，称为"采光"（图7.1）。

阳光是人类生存和保障人体健康的基本要素之一。在居室内部环境中能获得充足的日照是保证居者，尤其是行动不便的老、弱、病、残者及婴儿身心健康的重要条件，同时也是保证居室卫生、改善居室小气候、提高舒适度等居住环境质量的重要因素。

2. 人造光

地球的自转产生了日夜，在没有阳光照耀的时段里，人们采用人造光来进行照明。人造光也就是人造的光源发出的光，它不仅是夜间主要的照明手段，同时也是白天室内光线不足时的重要补充（图7.2）。

人工照明环境具有功能和装饰两方面的作用。从功能上讲，建筑物内部的自然采光要受到时间和场合的限制，所以需要通过人工照明补充，在室内造成一个人为的光亮

图7.2 人造光

环境，满足人们视觉工作的需要；从装饰角度讲，除了满足照明功能之外，还要满足美观和艺术上的要求，这两方面是相辅相成的。根据建筑功能不同，两者的比重各不相同，如工厂、学校等工作场所需从功能来考虑，而在休息、娱乐场所，则强调艺术效果。

3. 照度

光通量是光源每秒钟发出的可见光量之和，简单说就是发光量，表示光源或发光体发射光的强弱，单位：流明（lm）；被光照的某一面上其单位面积内所接收的光通量称为照度，表示被照面上接收光的强弱，单位为勒克斯（lx）。1流明的光通量均匀分布在1平方米面积上的照度，就是1勒克斯。照度水平是衡量照明质量基本的技术指标之一。在一定范围照度增加，可使视觉功能提高。

合适的照度，有利于保护视力和提高工作与学习效率。在确定被照环境所需照度大小时，必须考虑到被观察物体的大小尺寸，以及它与背景亮度的对比程度的大小，以均匀合理的照度保证视觉的基本要求。另外，为了减轻人眼因照度不均所造成的视觉疲劳，室内照度的分布还应该具有一定的均匀度。照度的均匀性主要取决于灯具在室内空间的具体排列，以及各位置上光源照度的分配，距离光源位置不同，照度不同（图7.3）。

4. 亮度

亮度作为一种主观的评价和感觉，和照度的概念不同，它是表示由被照面的单位面积所反射出来的光通量，反映了物体表面的明亮程度，因此与被照面的反射率有关。例如，在同样的照度下，石膏静物看起来比黑陶罐要亮。而我们主观所感受到的物体明亮程度，除了与物体表面亮度有关外，还与我们所处环境的明亮程度有关（图7.4）。例如，同一亮度的表面，分别放在明亮和黑暗环境中，我们就会感觉放

图7.3　切面角度不同，照度不同

图7.4　同样光照条件下，亮度不同

在黑暗环境中的表面要比放在明亮环境中的亮。所以照度、表面特性、视觉、背景、注视的持续时间甚至包括人眼的特性等因素都会影响亮度的评价。

要创造一个良好的光照环境，应当注意保证适宜的亮度分布，做到明暗结合、生动实用。亮度对比过小会使环境显得平淡、枯燥、乏味；亮度对比过大则需要反复适应，影响人的正常视觉活动；两者都会引起视觉疲劳，应该尽量避免。相邻环境的亮度应当尽可能低于被观察物的亮度，通常被观察物的亮度如果为相邻环境的3倍时，视觉清晰度较好。

5. 色温

在讨论彩色摄影用光问题时，摄影家经常提到"色温"的概念。色温究竟是指什么？我们知道，通常人眼所见到的光线，是由7种色光的光谱所组成。但其中有些光线偏蓝，有些则偏红，色温就是专门用来表示光线颜色成分的概念，光色主要取决于光源的色温（K），并影响室内的气氛。色温低，感觉温暖；色温高，感觉凉爽。一般色温<3300K为暖色，3300K<色温<5300K为中间色，色温>5300K为冷色。我们

图7.5　低色温

图7.6　中色温

图7.7　高色温

平常所用的传统的白炽灯属于暖色光源，色温在3000K左右，而荧光灯则属于冷色光源，色温一般在6000K左右（图7.5～图7.7）。

人们对光色的选择取决于光环境所要营造的气氛，例如，含红光成分多的"暖"色灯光（低色温）能在室内形成亲切轻松的气氛，适用于休息和娱乐场所的照明；而需要高效、精神振奋地进行活动的房间则宜采用较高色温的灯光。

另外，光源的色温应与照度相适应，即随着照度增加，色温也应相应提高。否则，在低色温、高照度下，会使人感到酷热；而在高色温、低照度下，会使人感到阴森的气氛（见表7-1）。

表7-1　光与舒适度

照度（lx）	灯光色表		
	暖（<3300K）	中间（3300K～5300K）	冷（>5300K）
<500	舒适	中性	阴冷
500～1000			
1000～2000	刺激	舒适	中性
2000～3000			
>3000	燥热	刺激	舒适

6. 显色性

光源的显色性是指光源显现物体颜色的特性，一般用国际照明委员会（CIE）制定的显色指数（Ra）来评价，它是对包括人的肤色在内的多个色样，用待评价光源和标准光源（全阴天空光）进行色彩显示的差异性评价。光源的种类很多，其光谱特性各不相同，因而同一物体在不同光源的照射下，将会显现出不同的颜色。笼统地讲，一个光源的Ra值越高，表明它显色性就越好，则光源对颜色的表现就越好，我们见到的颜色也就越接近自然色（图7.8）。

图7.8　较好的显色性在特定功能的空间中尤为重要

需要注意的是，因为Ra取的是色样的平均值，所以，虽然有的光源的显色指数很高，但对某一特定颜色的显现可能会不好。这一点要引起某些特定场合照明设计的重视。另外，显色性好的光源比显色性差的，在同样的条件下，可以有较低的照度。这并非是说显色性可以替代一部分照度，而是人在感觉上要清晰一些。

7. 眩光

眩光就是在视场中有极高的亮度或强烈的亮度对比时，造成视觉降低、人眼的不舒适甚至痛感的现象。它分直射眩光和反射眩光两种形式。由高亮度的光源直接进入人眼所引起的眩光，称为"直射眩光"；光源通过光泽表面的反射进入人眼所引起的眩光，称为"反射眩光"。强烈的眩光会使室内光线不和谐，使人感到不舒适，严重时会觉得昏眩，甚至短暂失明（图7.9）。

图7.9　未加灯罩而产生的眩光

在室内灯光设计中，产生直射眩光的原因主要与光源亮度、背景亮度、灯的悬挂高度以及灯具的保护角（光源下端和灯具下端的连线与水平线的夹角，称为保护角）有关。反射眩光则主要由高光洁装饰材料（如镜面、不锈钢等）的反射造成。

图7.10 加灯罩后光线变得柔和

因此，根据其产生的原因，可采取以下办法来控制眩光现象的发生：限制光源亮度或降低灯具表面亮度，对光源可采用磨砂玻璃或乳白玻璃的灯具，也可采用透光的漫射材料将灯泡遮蔽；可采用保护角较大的灯具；合理布置灯具位置和选择适当的悬挂高度。灯具的悬挂高度增加后，眩光的作用就减少；若灯与人的视线间形成的角度大于45°时，眩光现象也就大大减弱了；适当提高环境亮度，减少亮度对比，特别是减少工作对象和它直接相邻的背景间的亮度对比；采用无光泽的材料（图7.10）。

> **特别提示**
> 利用可调明暗的台灯，通过光线调节和远近变化理解照度与亮度；通过更换光源及在不同光源下放置各种颜色物品理解光的色温及显色性。

7.2 室内光环境的设计原则

室内空间中由光源照射而形成的环境称为室内光环境，它是满足人类对空间环境物理、生理、心理、人体工程学及美学等方面的要求的必要条件。随着照明技术更加先进，光源的运用也更加广泛。光作为有形无体的空间构成要素逐渐成为营造室内环境气氛的主角，为室内空间环境提供了更加活跃的表现因素，提升了室内空间的品质，日益受到设计师的重视。

一般在室内设计创作中，光环境的设计应遵循以下原则。

1. 安全性原则

借助电力，人们将黑夜变成了白昼的延伸。电能作为一种洁净而高效的能源，已经成为人们生活中不可缺少的一部分。但是，电在造福人类的同时，也会带来危害，所以用电安全是照明设计的首要前提。为了确保人身健康，防止用电事故，在光环境设计时要自始至终坚持安全的原则，遵循规范的规定和要求，严格按规范设计，不允许超载；在选择建筑电器设备及电器材料时，应慎重选用一些信誉好、质量有保证的厂家或品牌，同时还应充分考虑环境条件（如温度、湿度、有害气体、辐射、蒸汽等）对电器的损坏，在危险地方要设置明显标志，以防止漏电、短路等造成火灾和伤亡事故；对先进技术和先进设备要在充分论证的基础上积极采用。

2. 实用性原则

室内设计中良好的采光与照明设计能够提高工作效率与改善生活质量，有利于保障人身安全和保护视力健康。室内照明应保证规定的照度水平，满足工作、学习和生活的需要，设计应从室内整体环境出发，全面考虑光源、光质、投光方向和角度的选择，使室内活动的功能、使用性质、空间造型、色彩陈设等与其相协调，以取得整体环境效果。

实用性还包括照明系统的施工安装、运行及维修的方便简单，及对未来的照明发展变化留有一定的空间。

3. 美观性原则

光的数量、颜色、强弱以及照射的方向、角度、位置等因素都会有助于显现或改变空间的形象，灯具的造型、排列、布置方式、配光方式，也会创造出不同的氛围和效果，使人获得不同的视觉和心理感受。利用光可以构建空间、塑造形体、渲染气氛、显现颜色、突出重点、引导视线、装饰环境。当前的室内光设计已不再单纯地追求功能性的明亮，光已成为美化室内外环境的重要手段。室内设计师应该能够合理而巧妙地运用光环境的设计与表现手法，正确选择照明方式、光源种类、灯具造型及体量，同时处理好颜色和光的投射角度，以取得改善空间感、增强环境的艺术效果，构建效果动人的设计作品。

4. 经济性原则

地球的资源是有限的，我们必须在保证正常的照明数量和质量的前提下，尽可能节约照明用电。经济性原则包含两方面内容：一方面是节能，照明光源和系统应该符合建筑节能有关规定和要求，为达到节能的目的，尽量采用先进技术和高效节能的照明产品，提高产品质量，充分发挥照明设施的实际效果，优化照明设计，以较少的资源获得较好的照明效果；另一方面是节约，照明设计应从实际出发，减少不必要的设施，根据照明的使用特点，对灯光加以分区控制和适当增加照明开关点，公共空间照明，可采用集中控制、遥控管理的方式或采用自动控光装置。

光环境的设计原则中，安全性原则是需要引起我们足够重视的问题。

7.3 室内光环境的设计程序

7.3.1 明确照明设施的用途和目的

光环境的设计先要确定室内空间的性质，是办公室、会议室、教室、餐厅还是舞厅，如果是多功能房间，还要把各种用途列出，以便确定满足要求的照明设备，在照明目的明确的基础上，确定光环境及光能的分布。例如舞厅，要有刺激兴奋的气氛，可以采用变幻的灯光、闪耀的照明；例如教室，要有宁静舒适的气氛，需要均匀的照度与合理的亮度，不能有眩光。

7.3.2 确定适当的照度

在室内,不同房间有着不同的使用性质,不同活动对照度的要求也不同。例如阅读、写作、烹饪、缝纫等活动需要较高的照度水平,而听音乐、聊天、休息、睡眠则可以在柔和的灯光下进行。在设计中照度值过低,不能满足人们正常工作、学习和生活的需要;照度值过高,容易使人产生疲劳,影响健康。因此,为了保持人体健康、心情愉悦,根据空间的使用功能和性质以及个人的视觉舒适标准来确定相应的照度水平是非常必要的。

照度标准值是指工作或生活场所参考平面(又称工作面,当无其他规定时,通常指离地面0.75m高的水平面)上的平均照度值。《建筑电器设计技术规程》根据各类建筑的不同活动或作业类别,将照度标准规定为高、中、低三个值。设计人员应根据建筑等级、功能要求和使用条件,从中选取适当的标准值,一般情况下应取中间值(见表7-2)。

表7-2 住宅建筑照明的照度标准值

类 别		参考平面及其高度/m	照度标准值/lx		
			低	中	高
卧室起居室	一般活动区	0.75水平面	20	30	50
	书写、阅读	0.75水平面	150	200	300
	床头阅读	0.75水平面	75	100	150
	精细作业	0.75水平面	200	300	500
餐厅、厨房		0.75水平面	20	30	50
卫生间		0.75水平面	10	15	20
楼梯间		地面	5	10	15

7.3.3 确定照明方式

照明方式可分为以下几大类。

1. 一般照明

这是一种不考虑局部特殊要求而使室内具有均匀照度的照明方式。灯具是均匀地分布在被照场所的上空。这种照明形式提供了一个良好的水平面,在工作面上照度均匀一致,在光线经过的空间没有障碍,任何地方光线充足,便于空间布置。但是耗电量大,在能源紧张的条件下是不经济的,否则就要将整个照度降低。这种照明方式适合于对光的投射方向无特殊要求(如候车室)、工作面上不存在需要特别提高视度的工作点(如教室)以及工作点很密或不固定的场所(如超级市场、营业厅、仓库等)(图7.11)。

图7.11 宴会厅内照度均匀的一般照明

2. 分区一般照明

当室内某些区域要求高于一般照明的照度时，可将灯具相对集中布置在这些区域，在不同的分区内仍有各自均匀的一般照明。此种照明方式称为分区一般照明。例如，开敞式办公室的办公区与休息区，车间的组装线、运输带、检验场地等，各自要求不同的照度，就可采用此种照明方式（图7.12）。

3. 局部照明

在工作点附近，专为照亮工作面而设置灯具的照明方式，称为局部照明。它常设置在要求高照度以满足精细视觉工作的场所，或对光线的方向性有特殊要求的部位。但如在暗的房间仅有单独的光源进行工作，容易引起紧张和损害眼睛，所以通常不允许单独使用局部照明，以免造成工作点与周围环境亮度差别过大（图7.13）。

4. 混合照明

在同一室内既有一般照明，又有满足某一局部特殊要求的重点照明。这种将一般照明与局部照明相结合的照明方式，称为混合照明。在要求高照度时，这种照明方式比较经济，是目前工业建筑与照度要求较高的民用建筑（如图书馆）中大量采用的照明方式（图7.14）。

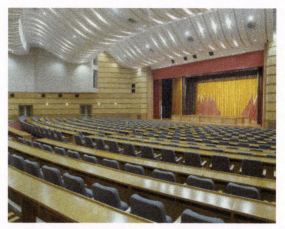

图7.12　会堂内听众席和主席台的照明形成了两个分区

图7.13　吊柜下的灯光使操作区域变得明亮

图7.14　混合照明使得空间变得很有层次

7.3.4 选择光源

自然界存在的发光方式大致分为三类：热辐射，气体放电和固体发光。受此启发，人工照明使用的光源经过一百多年的演进和发展，经历了白炽灯、荧光灯、高强气体放电灯和发光二极管LED四个阶段。对光源的了解有助于根据环境的特性选择适合的光源，利用它们的特性和长处，充分发挥特定光源的优势。

1. 热辐射光源

热辐射光源是指电流通过加热安装在填充气体泡壳内的灯丝而发光，自爱迪生发明第一只电灯近两个世纪以来，出现了许多其他的现代光源，但是在照明的应用上，白炽类的使用仍占有相当大的比例。

（1）白炽灯。

白炽灯是最普通的灯具类型，是重要的点光源，加装灯罩后可作为聚光灯。

白炽灯具有构造简单、价格便宜、安装容易、色彩品种多、色光接近太阳光、易于进行光学控制并适合各种用途等优点。白炽灯色温度偏低，属暖色光源，夏天使用时感觉闷热；显色性高，立体感及色彩表现佳；但光效率较低、发热量大、寿命较短。较适用于点灭频繁或点灯时间短的场所，例如浴室、玄关、阳台等，或作为局部照明的光源（图7.15）。

图7.15 白炽灯

（2）卤钨灯。

卤钨灯是在白炽灯内填充卤族元素或卤化物，泡壳使用石英玻璃的光源，属于热辐射光源，工作原理和白炽灯一样，差别就是卤钨灯内所填充的气体含有部分卤族元素或卤化物。

卤钨灯和白炽灯相比光效高，光色更白，色调更冷，且具有体积小、便于控制、寿命长、输出光通量稳定等特点，广泛应用于大面积照明和定向照明的场所，如展厅、广场、商店橱窗照明、影视照明等（图7.16）。

图7.16 卤钨灯

2. 气体放电光源

气体放电光源发光原理为其两电极间的气体受电子激发而发光，可分为低压气体放电灯（如日光灯）及高压气体放电灯（如水银灯、高压钠气灯）。

(1) 荧光灯。

荧光灯是一种低气压汞蒸气弧光放电灯,主要是由灯管、电极及附件组成。和白炽灯相比,荧光灯光效高、寿命长,适用于居室、客厅、防盗灯、门灯、办公室等点灯时间较长或一般不需要频繁开关的场所。荧光灯发光的颜色取决于在灯管内侧的磷光体涂层,有日光色、暖白色、蓝色、黄色、绿色、白色和粉红色等(图7.17)。

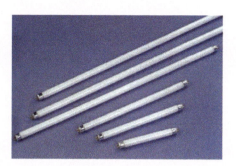

图7.17 荧光灯

(2) 钠灯。

钠灯是利用钠蒸气放电发光的气体放电灯,分为高压钠灯和低压钠灯两大类。

钠灯的光色呈橙黄色,显色性差,但耗电省、光效高,穿透云雾能力强,非常适合大面积照明,如广场照明、道路照明、泛光照明等(图7.18)。

图7.18 钠灯

(3) 霓虹灯。

霓虹灯自1910年问世以来,历经百年不衰。它是靠充入玻璃管内的低压惰性气体,在高压电场下冷阴极辉光放电而发光。霓虹灯的光色是由充入惰性气体的光谱特性决定。

霓虹灯多用于商业标志和艺术照明,必须有镇流器,很费电,但很耐用(图7.19)。

3.固体发光

固体吸收外界能量后部分能量以发光形式发射出来的现象。固体吸收外界能量后很多情形是转变为热,并非在任何情况下都能发光,只有当固体中存在发光中心时才能有效地发光。发光中心通常是由杂质离子或晶格缺陷构成。发光中心吸收外界能量后从基态激发到激发态,当从激发态回到基态时就以发光形式释放出能量。

图7.19 霓虹灯

发光二极管LED为特殊材质制成的p-n二极管。在顺向偏压下,电子在结合面流动时,会在再结合而消灭的过程中发光。它体积小、发光效率不高,但近年来发展迅速,适用场合已推广到交通信号灯、指示灯,甚至也适用于一些特殊场合的照明(图7.20)。

图7.20 发光二极管

7.3.5 选择灯具

灯具是光源、灯罩及其附件的总称,又称照明器。

人工照明离不开灯具,灯具不仅是为使用者提供舒适的视觉条件,同时也是建筑装饰的一部分,可以起到美化环境的作用,是照明设计与建筑设计的统一体。随着建筑空间,家具尺度以及人们生活方式的变化,光源、灯具的材料、造型与设置方式都会发生很大变化,灯具与室内空间环境结合起来,可以创造不同风格的室内情调,取得良好的照明及装饰效应。

国际照明学会按光通量在空间上、下半球的分布将灯具分为以下几类。

1. 直接型灯具

直接型灯具上半球的光通量占0%～10%,下半球占90%～100%。这种灯具绝大部分的灯光直接照射到物体上,效率一般可达80%以上。其特点是光效高、亮度大、构造相对简单、适用范围广。缺点是顶棚暗,易形成眩光,阴影浓重。当工作面受几个光源同时照射时,易造成重叠阴影。

2. 半直接型灯具

半直接型灯具有60%～90%的光通量向下方射出,灯具效率较高。由于有10%～40%的光通量向上方射出,因此顶棚较亮,改善了室内亮度分布,所造成的阴影也稍淡。

3. 扩散型灯具

扩散型灯具向上下空间射出的光通量大致相等,各占总光通量的40%～60%,对地面和天棚提供近似相同的照度,使室内具有良好的亮度分布,并避免眩光的产生。

4. 半间接型灯具

半间接型灯具将60%～90%的光通量向天棚或墙上部照射,把天棚作为主要的反射光源,而将10%～40%的光直接照于工作面。从天棚来的反射光,趋向于软化阴影和改善亮度比。由于光线直接向上,照明装置的亮度和天棚亮度接近相等,使房间光线柔和、均匀,不易形成眩光,对阅读和学习更可取。

5. 间接型灯具

间接型灯具有90%～100%的光通量射向上方,向下方辐射的只有不到10%,光线扩散性很好,柔和而均匀,室内基本无阴影,完全避免了眩光的影响,是最理想的整体照明。从顶棚和墙上端反射下来的间接光,会造成天棚升高的错觉,但光的利用率很低,室内表面光反射比对照度影响较大,设备投资及维护费用较高,而且单独使用间接光,则会使室内缺少层次变化,甚至因其不能加强物体的空间体量而影响人对空间的错误判断。

灯具还可以有另外一种我们比较熟悉的分类方式,它是按照灯具所在部位和使用功能的不同进行划分的。

1. 吊灯

吊灯是悬挂在室内屋顶上的照明工具，经常用作大面积范围的一般照明。大部分吊灯带有灯罩，灯罩常用金属、玻璃和塑料制成。以家居空间吊灯为例，用作普通照明时，多悬挂在距地面 2.1m 处，用作局部照明时，大多悬挂在距地面 1～1.8m 处。由于它处于室内空间的中心位置，具有很强的装饰性，所以吊灯的造型、大小、质地、色彩影响着室内的装饰风格，在选用时一定要与室内环境相协调（图 7.21）。

2. 吸顶灯

吸顶灯是直接安装在天花板上的一种固定式灯具，做室内一般照明用。吸顶灯的使用功能及特性基本与吊灯相同，只是形式上有所区别。与吊灯的不同是在使用空间上，吊灯多用于较高的性质比较重要空间环境中，如客厅等空间，而吸顶灯则多用于较低的空间中，如厨卫等空间（图 7.22）。

3. 嵌入式灯

嵌入式灯是嵌在结构隔层里的灯具，具有较好的下射灯光，灯具有聚光型和散光型两种。聚光灯型一般用于局部照明要求的场所，如金银首饰店、商场货架等；散光型灯一般多用作局部照明以外的辅助照明，如宾馆走道、咖啡馆走道等（图 7.23）。

4. 壁灯

壁灯是一种安装在墙壁建筑支柱及其他立面上的灯具，常用作补充室内一般照明，例如在高大的空间内，吊灯无法使整个空间的每个角落都能得到足够的照明，这时选用壁灯来作为补充照明，就能解决照度不足的问题。它除了具有实用价值外，也有很强的装饰性。一方面它可以通过自身造型产生装饰作用，另一方面它发出的光线使平淡的墙面变得光影丰富。壁灯的光线比较柔和，作为一种背景灯，可使室内气氛显得优雅，常用于大门口、门厅、卧室、公共场所的走道等，壁灯安装高度一般在 1.8～2m 之间，不宜太高，同一表面上的灯具高度应该统一（图 7.24）。

图 7.21　吊灯

图 7.22　吸顶灯

图 7.23　嵌入式灯

图7.24 壁灯

图7.25 台灯

图7.26 轨道射灯

5.台灯与落地灯

以某种支撑物来支撑光源，从而形成统一的整体，当运用在台面上时叫台灯，运用在地面上时叫落地灯。台灯主要用于局部照明，书桌、床头柜和茶几上都可以使用台灯，它不仅是照明器，又是很好的装饰品，对室内环境起到美化作用。落地灯常摆设在沙发和茶几附近，作为待客、休息和阅读照明（图7.25）。

6.轨道射灯

轨道射灯由轨道和灯具组成的。灯具沿轨道移动，灯具本身也可改变投射的角度，是一种局部照明用的灯具。主要特点是可以通过集中投光以增强某些特别需要强调的物体，已被广泛应用在商店、展览厅、博物馆等室内照明，以增加商品、展品的吸引力。它也正在走向家庭，如壁画射灯和窗头射灯等（图7.26）。

以上灯具是在室内光环境设计当中使用比较多的形式，此外还有应急灯具、舞台灯具、高大建筑照明灯具以及艺术欣赏灯具等，这里不一一介绍。

在照明设计中选择灯具时，应综合考虑以下几点。

灯具的光特性：灯具效率、配光、利用系数、表面亮度、眩光等。

经济性：价格、光通比、电消耗、维护费用等。

灯具使用的环境条件：是否要防爆、防潮、防震等。

灯具的外形与环境气氛是否协调等。

特别提示

目前，设计师在做天花布置时，通常很随意地给出所谓筒灯、射灯等形式，鲜有设计师在图纸上标出这些灯具采用了什么光源，功率是多少，色温度和显色性指数是多少，整个环境要达到一个什么样的照度等。这是典型的光源和照明器本末倒置，在设计中我们应当尽量杜绝。

7.4 室内光环境的评价

照明是一门科学，也是一门艺术。光环境设计的优劣应该从技术和艺术两个方面综合评价。德国Heinrich Kramer博士（CIE"照明与建筑"技术委员会主席）曾经提出如下八条指导方针。

（1）灯光应给人以方向感，清楚界定它们在时空中的位置。

（2）灯光应该是室内和建筑不可分割的一部分，即在开始时就包含在规划方案里，而不是最后加进去的。

（3）灯光应该支持建筑设计和室内设计的设计意图，而不能使其游离出来。

（4）灯光应该在一个场所内营造出一种状态和一种气氛，能够满足人们的需要和期望。

（5）灯光应该满足并促进人际交流。

（6）灯光应该有意义并传达一种信息。

（7）表现灯光的基本形式应该是独创性的。

（8）灯光应该能够使我们看见并识别我们的环境。

此外，从技术层面上还应该补充两点：一是经济的合理性，二是环保、节能。

特别提示

我们对光环境的要求不能仅限于照明，也不能止步于照明器的外在形式，而是要从我们的整体环境出发，回归到我们的心灵。

本章小结

本章主要讲解了室内光环境的基本知识、光环境的设计原则、光环境的设计程序及对光环境设计的评价。通过以上的学习，学生应了解基本的光学概念，能够按照程序进行光环境的设计，能够对光环境的优劣正确评价。

习 题

1. 选择题
   - （1）室内光环境的设计原则有（　　）。
     - A．安全性原则
     - B．实用性原则
     - C．美观性原则
     - D．经济性原则
   - （2）光源的类型有（　　）几种。
     - A．热辐射光源
     - B．气体放电光源
     - C．固体发光
     - D．水晶灯

2. 简答题
   - （1）分析照度和亮度之间的联系和区别。
   - （2）室内照明的方式有哪些？
   - （3）选择灯具应从哪几方面来考虑？

3. 思考题

   分析快餐空间光环境设计应该注意的事项。

第8章 室内家具设计

教学目标

通过学习室内家具设计,掌握家具设计的基础知识和技能、家具设计的范畴、设计程序、设计原理,能够运用系统的设计思维与方式对不同的建筑空间环境进行综合策划设计,创造出合理的家具设计作品。

教学要求

能力目标	知识要点	权重
✦ 掌握家具设计原理	✦ 家具的特征 ✦ 家具的尺度 ✦ 家具的造型规律	45%
✦ 掌握家具设计程序	✦ 家具设计的步骤	20%
✦ 不同功能的室内空间的家具设计	✦ 家具的选用原则	35%

引言

在人们日常生活的室内空间中,人的工作生活方式是多样的,不同的家具组合,能够营造出不同的室内空间。例如,沙发、茶几、电视柜、灯饰和音响可以组成起居、娱乐、会客空间;餐桌、餐椅和酒柜可以组成就餐空间;电脑桌、书柜、书桌和书架可以组成书房或办公空间;床、床头柜、梳妆台和衣柜可以组成卧室空间。

请思考:不同的室内空间如何进行家具设计。

家具是人们生活的必需品,不论是工作、学习、休息,都离不开相应家具的依托。此外,在社会、家庭生活中的许多各式各样、大大小小的用品,也均需要相应的家具来收纳、隐藏或展示。因此,家具在室内空间占有很重要的地位,对室内环境效果起着重要的影响。

8.1 家具与室内设计

8.1.1 家具设计与室内设计

家具是室内设计的一个重要组成部分,与室内环境形成一个有机的统一整体,室内设计的目的是创造一个更为舒适的工作、学习和生活环境。在这个环境中包括顶面、地面、墙面、家具、灯具、装饰织物、绿化以及其他陈设品,其中家具是室内设计的主体。换句话说,家具设计是室内设计中的一员,不能脱离室内设计的总体要求。

8.1.2 家具的特征

1. 家具的一般属性

(1)使用的普遍性。家具在古代就已经得到了广泛的应用,在现代社会中家具由于其功能的独特性,贯穿于生活的各个方面,可见其使用的普遍性。

(2)功能的二重性。家具不仅是一种功能物质产品,同时也是一种大众艺术,它既要满足人们的使用要求,又要满足人们的精神需求。所以说家具不仅是艺术创作,同时也是物质产品,这便是其功能的二重性。

(3)丰富的社会性。家具的造型、功能、风格和制作水平等因素,是一个国家或地域在某一历史时期生产力发展水平的见证,是当时人们生活方式的缩影,也是该时期的文化体现,因而家具具有丰富的社会性。

2. 家具的精神概念

家具设计的使用功能既包含了物质方面也包含了精神方面。例如,中国传统家具中的宫廷家具充分体现了皇权的至高无上,使家具的"精神"表达得淋漓尽致。可见家具的精神概念在家具设计中的重要性,将其称为家具设计的灵魂当之无愧。

3. 家具的民族概念

不同的民族、不同的地域，由于生活方式、地域文化等因素的不同，在家具的造型样式和审美情趣上也不尽相同，这充分说明了家具具有地域性和民族性的特点（图8.1、图8.2）。

4. 家具的时代概念

家具的发展是随着历史的发展而变化的，不同的历史时期家具的造型、工艺、材料和风格都不同，家具就仿佛是时代的晴雨表一样，记载着时代的特征和历史的变迁。

5. 家具的技术概念

家具是依靠物质材料、技术手段和加工工艺制作出来的，也可以说它们是家具设计的物质基础。在家具发展史上，新材料和新技术的不断更新进步促成了家具的发展，也给人们带来一件件家具的经典之作。

6. 家具设计的空间概念

家具的空间概念是指家具在室内环境中所处空间位置。然而，无论是室内空间还是家具设计都是由人的尺度来决定的。设计师为了在有限的空间中满足人们对家具的使用要求，通常会研究其空间概念，设计出合理而有新意的家具。如组合家具、32mm系统家具的出现，就是设计师对家具设计空间概念的运用。

7. 家具设计的形体概念

家具是一个具有一定形状的物体，其形体概念是由形体的基本构成要素——点、线、面、体构成的。此外，还有色彩、比例、质感和肌理等基本的设计要素。许多经典的家具作品都是运

图8.1　中国明式家具

图8.2　泰国家具

图8.3 里特维尔德设计的红蓝椅

用了这些基本构成要素进行巧妙的配合而设计的（图8.3）。

8.家具设计的美学概念

家具是具有使用功能的艺术品，所以家具设计要符合设计的美学原则，也就是形式美法则。特别是在现代家具设计潮流中出现的观赏家具，更体现出家具本身就是一件艺术品。

特别提示

家具设计的形体概念，应注意家具设计中平面构成、色彩构成和立体构成知识的结合运用。

知识链接

家具设计网站：
中国家具设计网　　　http://www.worldf.com/
中国家具设计网　　　http://www.shejichina.net/
中国家具协会　　　　http://www.cnfa.com.cn/
天天家具网　　　　　http://www.365f.com/
易居网　　　　　　　http://www.eju.cn/
家具时代网　　　　　http://www.jjtime.com.cn/
中国家具论坛　　　　http://www.furniturebbs.com/

8.2　家具与人体工程学

8.2.1　家具设计与人体工程学

家具是为人使用的，是服务于人的。因此，家具设计的尺度、形式及其布置方式，必须符合人体尺度及人体各部分的活动规律，以便达到安全、舒适、方便的目的。人体工程学为家具设计做出了科学的依据，良好的家具设计可以减轻人的劳动，提高工作效率，节约时间，维护人体正常姿态并获得身心健康。

8.2.2　人体基本知识、基本动作和人体尺度

人和家具、家具和家具（如桌和椅）之间的关系是相对的，并应以人的基本尺度（站、坐、卧不同状况）为准则来衡量这种关系，确定其科学性和准确性，并决定相关的家具尺寸。

人体的动作形态是变化多端的，如坐、卧、立、行走等，不同的动作形态所具有的尺度和对空间尺度的要求也不同，与家具设计相关的人体基本动作主要有坐、卧、立。人的姿势不同，传递力的途径不同，所使用的家具也不同。

人体尺度为家具设计提供依据，所以学习家具设计，必须了解人体各部位固有的基本尺度。此外，人体尺度具有一定的灵活性，家具设计时可参考我国男性和女性的最大摸高值（见表8-1和表8-2）。

表8-1　我国男性最大摸高值

	指尖高/cm	直臂抓摸/cm
高	228	216
平	213	201
矮	198	186

表8-2 我国女性最大摸高值

	指尖高/cm	直臂抓摸/cm
高	213	201
平	200	188
矮	180	174

8.2.3　人体生理机能与家具设计原理

人体生理机能的研究可以使家具设计更科学，主要包括植物性机能和动物性机能。我们研究人体的生理机能，最关键的就是通过对人体的尺度、运动和感觉系统等，使设计出来的家具在人们使用过程中舒适、减少疲劳、提高工作效率。由于人体生理机能的因素，不同类型的家具尺度要求也不同。表8-3是常用的家具基本尺度，可作为家具设计的参考。

知识链接

通过自己的测量以及资料的学习，列出吧台椅的椅面高度、脚靠高度、靠背高度、椅面尺寸等具体的尺寸，了解吧台椅的设计。

表8-3　常用的家具基本尺度

家具名称	家具基本尺度
衣橱	深度一般60cm左右；推拉门70cm；衣橱门宽度40～65cm
矮柜	深度35～45cm；柜门宽度30～60cm
电视柜	深度45～60cm；高度60～70cm（现在的电视机越来越大，沙发越来越矮）
单人床	宽度90cm，105cm，120cm；长度180cm，186cm，200cm，210cm
双人床	宽度135cm，150cm，180cm；长度180cm，186cm，200cm，210cm
圆床	直径186cm，212.5cm，242.4cm（常用）
沙发	单人式：长度80～95cm；深度85～90cm；坐垫高35～42cm；背高70～90cm 双人式：长度126～150cm；深度80～90cm 三人式：长度175～196cm；深度80～90cm 四人式：长度232～252cm；深度80～90cm
茶几	小型长方形：长度60～75cm；宽度45～60cm；高度38～50cm（38cm最佳） 中型长方形：长度120～135cm；宽度38～50cm或者60～75cm 大型长方形：长度150～180cm；宽度60～80cm；高度33～42cm（33cm最佳） 正方形：长度75～90cm；高度43～50cm 圆形：直径75cm，90cm，105cm，120cm；高度33～42cm 方形：宽度90cm，105cm，120cm，135cm，150cm；高度33～42cm

家具名称	家具基本尺度
书桌	固定式：深度45～70cm（60cm最佳）；高度75cm
	活动式：深度65～80cm，高度75～78cm
	书桌下缘离地至少58cm；长度最少90cm（150～180cm最佳）
餐桌	高度75～78cm（一般）；西式高度68～72cm；一般方桌宽度120cm，90cm，75cm
	长方桌宽度80cm，90cm，105cm，120cm；长度150cm，165cm，180cm，210cm，240cm
圆桌	直径90cm，120cm，135cm，150cm，180cm

特别提示

人体基本尺度和人体基本动作与家具设计的关系，包括立、坐、卧（分性别）等常用的设计尺寸和数据。

8.3 家具的作用和分类

8.3.1 家具的作用

室内设计中家具的布置及陈设是室内设计功能的主要构成因素和体现者，同时家具与陈设的排列、组合、布置、设计，对室内空间的分隔，对人们活动以及生理、心理上的影响是举足轻重的。因此，家具的作用具体可以概括为以下三种。

1. 明确使用功能和识别空间性质

除了作为交通性的通道等空间外，在家具未布置前大部分的室内空间是难以识别其功能性质的，也谈不上其功能的实际效率。所以说，家具是空间使用性质的直接表达者，通过家具的布置可以对室内空间进行组织和使用的再创造。良好的家具设计和布置形式，能充分反映使用的目的、空间功能、地位以及个人品味等，从而赋予空间一定的环境品格。因此，家具具有明确使用功能和识别空间性质的作用。

2. 分隔空间和组织空间

运用家具分隔空间是室内设计中的一个主要内容，在许多优秀的室内设计中都能看到家具分隔空间的体现，如在商场、营业厅等购物环境中利用货柜、货架、陈列柜来划分不同性质的营业区域等。因此，应该把室内空间的分隔和家具结合考虑，在可能的条件下，通过家具分隔既可减少墙体的面积，减轻自重，提高空间使用率，也可以通过家具布置的灵活变化达到适应不同功能要求的目的。儿童房家具就是利用家具的巧妙设计，在狭小的空间内进行了合理的布置，既满足了休息睡眠的功能，又满足了学习的需要（图8.4）。

3. 增加审美情趣、烘托气氛、传递时尚

由于家具自身的体量突出，在整个室内空间中占的比重较大，又是室内设计中的主体，因此，家具是室内空间表现的重要角色。家具本身既是实用品，同时也是一种工艺品。家具在现代室内环境中，其配置和形体的显示实际上是一种时尚、传统、审美情趣的符号和视觉艺术的传递，或者说是一种情趣、意境，一种向往的物化。

图8.4　儿童房家具

8.3.2　家具的类型

家具可按照不同的分类方法进行分类，主要有以下几种。

1.按照材质分类

（1）木质家具：主要零部件由木材或木质人造板制成的家具。特点是纹理丰富、色彩纯真、导热性小、硬度低、弹性较好、透气性好（图8.5）。

（2）实木家具：主要零部件由木材制成的家具。一般没有连接件，多为榫结合。

（3）金属家具：和现代家具同时产生，主要零部件由金属制成的家具。特点是轻巧、营造冷静的环境（图8.6）。

（4）塑料家具：主要零部件由塑料制成的家具，工艺简单，便于生产（图8.7）。

（5）石材家具：主要零部件由石材制成的家具，多为室外家具。

（6）玻璃家具：主要零部件由玻璃制成的家具，多和金属、木质结合。

（7）竹家具：主要零部件由竹制成的家具，是中国的传统家具，多用于夏令家具，特点是弹性好，透气性好，光洁度高，形态优雅。

（8）藤家具：主要零部件由藤制成的家具。较之竹家具，线条更流畅。

图8.5　木质家具

图8.6　金属家具

图8.7　塑料家具

图8.8 软家具

(9)软家具：带有弹簧和塑料泡沫、软垫类的家具。特点是坐卧舒适、体积大、给人以厚重感（图8.8）。

2.按照使用功能分类

(1)支承类家具：与人体直接接触，起着支撑人体作用的家具。

(2)凭倚类家具：主要功能是满足和适应人在站、坐时凭倚或伏案工作，有的可兼作存放空间使用。

(3)贮存类家具：贮存或陈放各类物品的家具。

3.按照基本形式分类

(1)椅凳类：椅凳类家具是坐类家具的一种，造型丰富，品种多样。

(2)床榻类：供人们休息、睡眠使用的卧类家具。

(3)橱柜类：供人们存储物品使用的一类家具。

(4)几案类：茶几、条案、桌类等供人们工作、学习使用的一类家具。

4.按照使用场所分类

(1)住宅家具：又名民用家具，主要是指住宅空间内使用的家具。

(2)公共家具：公共空间使用的家具，具有专业性强、类型较少、数量较大的特点。主要有办公家具、户外家具和特殊家具三种（图8.9）。

5.按照放置形式分类

(1)嵌固式家具：嵌入或固定在室内中的顶、墙、地面的家具，称为嵌固式家具，含悬挂式家具。

(2)自由式家具：可以在室内空间中自由摆放或移动的一类家具，称为自由式家具。

图8.9 户外家具

6. 按照风格特征分类

家具按风格特征可分为古典家具和现代家具。

7. 按照结构形式分类

结构形式主要指家具各个部位的连接方式。

（1）框式家具：其主要部件为木框嵌板结构。其特点是以榫眼结合为主，以木框承重，以板材分隔或封闭空间，工艺复杂，费人力，费工费料。代表家具：明式家具。

（2）板式家具：其主要部件为各类板架。其特点是板材既承重荷载，又分隔封闭空间，工艺简单，多用连接件相连，便于生产，涂饰自动化。

（3）折叠家具：其主要部件为钢结构。折叠家具常用的连接件有铆钉、螺栓、特殊折动件（图8.10）。

（4）曲木家具：其主要部件为弯曲成型或模压成型的木材或人造板，其特点是要求木材树种等级高，多采用单板结合弯曲，线条弯曲流畅，体态轻巧（图8.11）。

（5）壳体家具：整个家具或主要部件为壳体式零件，其特点是一次成型，生产率高（图8.12）。

（6）充气式家具：由各种气囊组成的家具。其特点是携带方便，无须任何连接件，适用于户外或狭小的空间。

8. 按照结构特点分类

（1）拆装类（DIY）：拆装类家具主要部件为若干可拆装的零部件，主要连接件为金属、塑料连接件，此类家具的特点是拆装灵活，零部件具有互换性，零部件的加工精度和装配性能较高（图8.13）。

图8.10　折叠家具

图8.11　曲木家具

图8.12　壳体家具

图8.13 拆装式户外休闲躺椅

（2）通用部件式家具：是指家具的主要部件采用统一的规格尺寸，按标准化生产同一规格的部件可在几种不同的家具上或同一家具的不同部位重复使用的家具。其特点是简化了生产组织与管理工作，提高了劳动生产率，有利于实现专业化、自动化生产。

（3）支架类家具：其特点是部件固定在金属或木质支架上，支架可支撑于地面，也可固定于墙壁或天花板上，部件种类和高度可调节，造型线条变化多。

（4）多用家具：其特点是部件位置稍加调整，即可变换其用途。多用于面积较小的居室或功能多用化居室。

9.按照家具的构成形式分类

（1）单体家具：其特点是家具间无组合因素，功能单一，适应性广泛。

（2）组合家具：由若干统一设计、制造的家具单体或部件，组合装配而成的家具，可分为部件式组合和单体组合两种方式。其特点是可根据不同需要、不同使用条件组合，多造型，多功能（图8.14）。

图8.14 组合家具

8.3.3 家具的布置

家具的布置能使室内空间更具有实用价值，家具的组合方式必须服从人们的生活和活动需要，符合空间条件的要求。

1. 家具的布置要求

（1）家具的布置必须首先满足人们使用上的要求，而空间活动的要求决定了家具布置的方式和结构形态。

（2）家具的布置形式应充分考虑空间条件的限制。

（3）家具的布置除了应该考虑合理的布置、恰当的尺度外，还要考虑人在使用这些家具时有足够的活动空间。

（4）家具的布置应该与室内整体环境协调。

（5）家具的质感、色彩与周围的环境产生鲜明的对比，可以突出家具的形象，同时也要与整个室内环境保持基调统一。

（6）家具应与室内环境中的陈设品和装饰物相配合，烘托效果更佳。

2. 家具布置与空间的关系

1）合理的位置

在进行家具布置的时候，应结合使用要求，使不同家具的位置在室内各得其所。例如，客厅根据其会客要求将沙发和茶几进行围合布置成会客区域（图8.15、图8.16）。

2）方便使用、节约劳动

同一室内的家具在使用上都是相互联系的，如厨房中洗、切等设备和橱柜、冰箱、蒸煮等设备，它们的相互关系是根据人在使用过程中达到方便、舒适、省时、省力的活动规律来确定的。

3）丰富空间、改善空间

一个完整的室内空间在没有进行家居布置的时候，有可能会存在某种缺陷，如空间尺度太高或太矮，太宽或太窄等。经过家具布置后，对空间进行再创造，使空间在视觉上达到良好的效果，不仅可以丰富空间的内涵，也可以改善、弥补空间的不足。

图8.15　家具围合成的谈话区

图8.16　家具围合成的休闲区

4）充分利用空间、重视经济效益

室内设计中的一个重要问题就是经济问题，合理压缩非生产性面积，充分利用使用面积，减少或消灭不必要的浪费面积，这些对家具布置提出了相当严格的要求（图8.17）。

图8.17　家具设计挑战小户型居室设计中的空间巧利用

3.家具形式与数量的确定

现代家具的比例尺度应和室内空间的具体尺寸取得密切配合，使家具和室内设计形成统一的有机整体。家具的数量取决于不同性质空间的使用要求和空间面积的大小，此外还要考虑空间容纳的人数、活动要求以及要保持舒适的空间感。例如，小面积的空间，应满足最基本的使用要求，或采取多功能家具、悬挂式家具、活动式家具和折叠家具等形式以留出足够的活动空间。

4.家具布置的基本方法

无论在家庭还是公共场所，大部分家具的使用都处于人际交往和人际关系的活动之中，家具的设计和布置，如座位布置的方位、间隔、距离、环境、光照等，实际上往往是在规范着人与人之间各式各样的相互关系、等次关系、亲疏关系（如面对面、背靠背、面对背、面对侧），影响着安全感、私密感和领域感。因此，我们在进行家具布置的时候，特别在公共场所，应满足不同人们的心理需要，这就要求我们充分认识不同家具设计和布置形式代表的不同含义。

（1）按照家具在空间中的位置可分为：周边式、岛式、单边式和走道式。

（2）按照家具布置与墙面关系可分为：靠墙布置、垂直于墙面布置和临空布置。

（3）按照家具布置格局可分为：对称式、非对称式、集中式和分散式。

无论采取何种形式进行家具布置，均应保持有主有次、层次分明、聚散相宜的原则。

> **特别提示**
>
> 在空间尺度较小的室内空间中，可以采用增加尺度感的家具。例如，可以从家具的体量（体量小和室内空间尺度合适）、家具的造型（造型简单）、家具的色彩（可选择能扩大空间感的色调）、家具的结构（结构简单、可拆装、可组合、可移动）等方面来增加室内的空间感。

8.4 家具的选用

8.4.1 家具造型的一般规律

1. 家具设计的原则

家具在生产制作之前要进行设计，设计包含了两个方面的含义：一是造型样式的设计，二是生产工艺流程的设计。造型样式是家具外在形体的表现，生产工艺流程是实现家具的内在基础，两者都非常重要。所以，设计家具不但要满足人们工作、生活中的需要，而且要求产品质量要有可靠的保证，力求实用、美观、用料少、成本低，便于加工与维修。要达到上述要求，必须遵循使用性强、结构合理、节约资源、造型美观四个原则。

2. 家具造型的基本构成因素

家具造型主要是通过各种不同形状、不同体量、不同质感和不同色彩等一系列视觉感受，取得造型设计的表现力。家具造型设计是指在设计中每个设计者依据自身对艺术的理解，运用造型的一般规律和方法，对家具的形态、质感、色彩和装饰等方面进行综合处理，塑造出完美的家具造型形象。这就需要我们了解和掌握造型的基本构成概念、构成方法和构成特点，也就是造型设计基础，它包括点、线、面、体、色彩、质感和装饰等基本要素，并按一定形式美法则构成立体形象。

3. 家具造型的形态

造型设计的形态主要是靠人们的视觉感受到的，人们视觉所接触到的东西总称为"形"，而形又具有各种不同的状态，如大小、方圆、厚薄、宽窄、高低等，总称为"形态"。

作为造型要素，这里先将家具的材料、质感和色彩剥离开，来研究家具造型的形态因素。家具的造型是由抽象、概念的形态构成的，它和几何体一样，最基本的因素是点、线、面、体。

1）点

点是形态构成中最基本的构成单位，也是最小的单位，是没有方向性的。例如家具各种形状的拉手，家具的一些金属零部件（如铆钉等），都表现为点的特征。在家具造型设计中，可以借助于"点"的各种表现特征，加以合理巧妙地运用，取得很好的表现效果。

2）线

线是点移动的轨迹。家具中的立边、横撑等一些零部件都可以体现出线的运用。家具设计应依据不同类型家具造型的要求，以线型的特点为表现特征创造出家具造型的各种不同风格（图8.18）。

3）面

面是线移动的轨迹。在家具造型设计中，我们可以恰当运用各种不同形状的面、不同方向面的组合，构成不同风格、不同样式的家具造型（图8.19）。

4）体

体不同于点、线、面，它是点、线、面围合起来所构成的三维空间。体是家具造型最基本的手段之一，在家具的形体造型中又有实体和虚体之分。此外，还可以利用光影的变化增强立体的感觉，丰富家具的造型。

4.家具的色彩

家具造型除了基本的构成因素外，色彩也是表达家具造型美感的一种重要手段。色彩运用得恰当，常常可以起到丰富家具造型，表达家具不同气氛和性格的作用。色彩在家具上的应用，主要包括两个方面：家具色彩的调配和家具造型上色彩的安排，具体表现为色调、色块和色光的运用。

（1）色调：家具的色调，重点是要有主色调，也就是说，家具色彩要有整体感。在家具设计中，通常采用以一色为主，其他色为辅的手法突出主色调。常见的家具色调主要有调和色和对比色两类，在色调的具体运用上，主要是掌握好色彩的调配和配合。所以，在配色时，对色彩的纯度要把握住一定的比例，使家具能表现出色调倾向。但儿童家具例外，儿童家具一般选用色彩较为饱和的色彩，符合儿童天真活泼的心理（图8.20和图8.21）。

（2）色块：色块组合也是家具的色彩运用与处理方法之一。家具在色块组合上需要注意以下四点：第一，色块的面积；第二，色块的形状和纯度；第三，色块的位置；第四，色块与色块之间的呼应。在家具设计中多采用同类色块的呼应（图8.22）和不同对比色块相互交织布置（图8.23）的手法，以形成相互穿插的生动布局，但须注意色块的相互位置应当均衡，勿使一种色彩过于集中而失去均衡感。

（3）色光：家具的色彩设计还应该考虑色光问题，也就是要结合环境、光照情况。例如，朝阳的室内空间，整个环境会显得偏暖，背阳的室内空间整个环境会显得偏冷，这时候就需要运用家具的色彩来配合。此外，家具设计上还常运用浅色、偏冷色的艺术处理，来获得心理上较大的空间感。

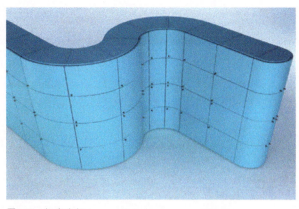
图8.18 组合衣柜

图8.19 双人沙发

图8.20 暖色调儿童房

图8.21 冷色调儿童房

图8.22 书房家具

图8.23 组合柜

5.家具的质感

在家具设计的美观效果上,质感的处理和运用也是非常重要的手段之一。一般可以从两方面来把握:一是材料本身所具有的天然质感;二是对材料运用不同加工手法所呈现出的质感。每种材料都有它特有的质感,给人们不同的心理感受,如图8.24编织沙发和图8.25透明休闲椅带给人们的心理感受是不同的。

图8.24　编织沙发

图8.25　透明休闲椅

6.家具的装饰

装饰是家具细微处理的重要组成部分,可以在家具的形体确定之后,用于进一步完善和弥补使用功能与造型之间的矛盾。所以,家具的装饰是家具造型设计中的一个重要手段。

家具的装饰手法大体上有下列三个方面。

1)木材纹理结构的装饰性

木材的纹理结构,是木材切面上呈现出深浅不同的木纹组织,也有时是因为加工的切割方法不同而形成不同形状的纹理。此外,还可以利用有木材自然纹理的饰面板进行花样拼贴,这样既节约了贵重木材,又增强了家具装饰艺术的感染力(图8.26)。

2)线型的装饰处理

运用优美的线型对家具的整体结构或个别构件进行艺术加工,也

图8.26　意大利家具

是家具设计中常用的一种装饰手法。在家具设计上,我们一般依据家具的造型特征和具体构件的部位,赋予不同的线型形式;或采用线型结合家具的构造,对家具某一局部的装饰处理,来达到一定的艺术效果。

3)五金配件的装饰性

家具五金配件主要是指拉手、锁、铰链、连接件、碰珠、套脚、滚轮等。这些配件的形状或体量很小,但却是家具使用上必不可少的装置。五金配件在满足其结构功能作用的同时也起着重要的装饰作用,为家具的美观点缀出灵巧别致的效果,有的甚至起到了画龙点睛的装饰作用。

7. 家具设计的造型形式法则

家具造型的形式除家具在使用时的自然基本形,更多的是体现了设计师的设计理念,由于设计师的设计理念具有群体性、民族性和地域性等特点,在一定意义上它也具有社会性。造型设计也具有一定的规律,是有章可循的。家具设计所遵循的基本形式法则主要有以下四点。

1)对比与一致

对比与一致是运用造型设计中的体量、色彩、质感中两种程度不同的差异,取得不同装饰效果的表现形式。在家具设计中常用的对比与一致主要有以下六种。

(1)形状的对比与一致:如图8.27所示的儿童床,运用弧线的造型,打破了金属质感直线条过硬的感觉,起到了柔和、亲切的效果。

(2)面积大、小的对比与一致:如图8.28所示的组合衣柜书架,三开门的大衣柜以右侧面积较小的书架格来衬托左侧面积较大的柜门以取得变化的效果,并且突出了重点。同时,书架格数量的多和衣柜门数量的少,也采用了对比的手法,取得了变化丰富的效果。

(3)虚实的对比与统一:如图8.29所示的塑料休闲椅,运用了彩色透明塑料椅面的"虚"和金属支架的"实"的对比,给人活泼、轻盈的感觉。

图8.27 儿童床

图8.28 组合衣柜书架

（4）质地的对比与一致：如图8.30所示的是一个布艺休闲椅，运用了电镀钢管与黄色纺织品质、质地的光滑与粗糙的对比的方法。

（5）方向的对比与一致：方向的对比与一致最常使用在成套家具或单件家具造型设计中的立面划分上，通常运用垂直和水平方向的对比来丰富家具的造型。

（6）光影的对比与一致：凹凸不平的面，在光线的作用下就会产生出光影的变化。在家具造型设计中常常运用对家具"立面"起伏变化的处理，求得光影对比变化，以丰富立面的形象。

以上从六个方面说明了对比与一致的作用。当然，在家具的造型设计上不能只限于这六个方面，还可以运用色彩、体量等方面的对比与一致。

2）韵律

韵律在家具设计上的运用，常常对减少体力能耗，提高工作效率起到一定作用，并且能产生一种美感。家具本身的结构形式也是产生韵律的重要条件，特别是成套家具。因此，我们要掌握"韵律"这一美学形式法则的规律，在满足家具功能和结构要求的同时，有意识、有目的地去组织它，创造出完美的家具造型。

3）均齐与平衡

自然界静止的物体都是遵循力学的原则，以平衡安定的形态而存在的。家具的造型设计也要符合均齐与平衡的概念。均齐与平衡是家具造型设计中必须要掌握的基本技法之一，无论是在单件家具的形体处理、前立面划分，还是在成组家具的造型设计中，都离不开均齐与平衡这一形式法则。

4）比例与权衡

比例是指家具的长、宽、高或某一局部的实际尺寸，在使用中与人体尺寸形成的比例关系，是以人体的尺寸为标准的。权衡是指家具与家具之间、家具的各局部之间和家具的局部与整体之间的比例关系。

图8.29 塑料休闲椅

图8.30 布艺休闲椅

8.4.2 家具设计的步骤

家具设计的步骤如图8.31所示。

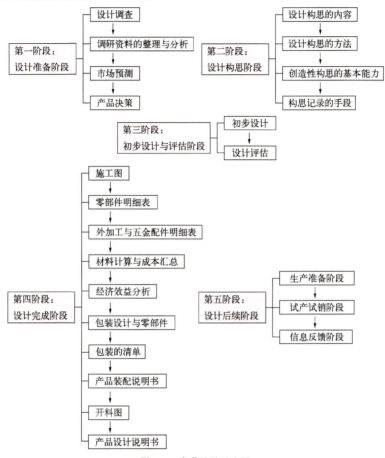

图8.31 家具设计的步骤

特别提示

在家居设计中,要注意家具造型的规律和不同类型空间家具的选用原则。空间的大小不同、功能不同,选用的家具类型也应不同。

8.4.3 家具的选用

家具的质量和选用是室内设计中一项重要的任务。根据室内空间的不同要求,选用不同造型、尺度、色彩、材料的家具,并根据设计要求,表现出需要的情调和气氛,加以组合和布置,并对室内空间划分,配以辅助陈设,如室内织物、灯具、工艺品等。

对于大的空间和小的空间,家具的选择和配置是不同的。大的公共场所如礼堂、宾馆、剧院、机场、车站等公共建筑的室内,追求的是气派。而住宅空间,根据不同的使用功能,其空间要求也不同,更要注意家具的尺度,尽量做到充分利用空间,避免家具占用太多的室内空间,而造成空间的紧缩感(图8.32、图8.33)。同时,家具在室内高低错落有致，并按一定的比例模数设计，形成一种抑扬顿挫、富有情调、凝固的室内乐章。

特别提示

在家居设计中，要注意家具造型的规律和不同类型空间家具的选用原则。空间的大小不同、功能不同，选用的家具类型也应不同。

图8.32 公共空间中的家具配置

图8.33 居住空间中的家具配置

本章小结

本章主要讲解了家具的基本知识（特征、分类、作用、造型规律）、设计原理（人体工程学原理在家具设计中的运用）、设计流程、布置方式，并且针对不同的室内空间如何进行家具设计进行了具体的论述。

习　题

1. 选择题

    （1）家具的特征有（　　）。
        A. 物质性　　B. 普遍性　　C. 精神性　　D. 社会性
    （2）家具的作用有（　　）。
        A. 明确使用功能和识别空间性质　　　　B. 分隔空间和组织空间
        C. 增加审美情趣、烘托气氛、传递时尚　　D. 挂取、搁置、储藏物品

2. 简答题

    （1）简述客厅空间家具选用的原则。
    （2）简述家具造型的一般规律。

3. 思考题

    分析儿童家具的设计要素、设计尺寸和设计注意事项。

第9章 室内细部设计和后期配饰

教学目标

通过本章的学习,学生应能够解决现代室内设计装修中的细部设计和后期配饰等问题,能够做到运用细节设计、合理配饰营造恰当的室内空间氛围。

教学要求

能力目标	知识要点	权重
✦ 识图、绘图能力	✦ 根据细节画出节点	25%
✦ 施工管理能力	✦ 施工方法	25%
✦ 后期配饰能力	✦ 家具、灯具、布艺的类型及配饰方法	50%

引 例

以图9.1为例，分析室内装饰工程的后期细部处理。如何通过材料、结构、色彩、软装饰品等方面的设计，达到渲染空间氛围、强调空间性格、增强室内设计效果的目的。

图9.1 后期配饰装饰时尚温馨的卧室

9.1 室内细部设计

9.1.1 墙壁细部装饰构造

墙面装饰需要好的设计理念和适合的材质应用。例如，利用各种装饰材料在墙面上做一些造型，以突出整个房间的装饰风格。目前使用较多的细部装饰有壁纸、墙贴、腰线、踢脚板等。

1. 腰线

腰线是室内墙面常用的装饰手法，是墙面上的一条装饰线，常用于卫生间、厨房的墙面上（图9.2、图9.3），一般在离地面900~1200mm的位置有一道样式特别的60mm宽的线条，就好像服装的腰带一样，所以称为腰线，是不可或缺的点缀。如时装的流行一样，对室内设计装修风格产生一定影响的腰线，也有着自己的潮流变化。随着人们对装饰艺术的不同追求，各具特色的腰线在墙面装饰中的配套作用日益明显，腰线市场也因此日渐红火起来。

目前腰线主要以陶瓷、树脂、金属（不锈钢）等材料为主，其中金属类的腰线主要使用在大型建筑物的装修中，家庭使用的以陶瓷和树脂材料为主。

2.踢脚线

踢脚线有两个作用：一是保护作用，因经常贴墙放置物品，墙面与地面相交的墙角易受冲击，做踢脚线可以更好地使墙体和地面之间结合牢固，减少墙体变形，避免外力碰撞造成破坏。另外，打扫卫生时踢脚线也较易擦洗。二是装饰作用，阴角线、腰线、踢脚线起着平衡视觉的作用，利用它们的线型感觉及材质、色彩等在室内相互呼应，可以装饰美化室内空间。

踢脚线的材质及色彩选择有两种搭配方法，一种和门搭配，一种和地板搭配。与门搭配是目前装饰装修中最常用的一种搭配方法，因为踢脚线与门一样同是立面装饰，比较容易连贯。设计的关键是踢脚板与门套线的连接部位，如果材质不同会使交接处显得非常生硬，影响装饰效果。第二种搭配方法就是选择与地板搭配。与地板搭配一般选择地板色的同类色或比地板稍深的颜色。

踢脚线主要以木材、陶瓷、树脂、不锈钢、铝合金、pvc等材料为主（图9.4～图9.6）。

9.1.2 门窗细部构造

门窗的细部装饰构造一般包括门窗套、窗帘盒和窗台板等。

图9.2 腰线在厨房中的应用

图9.3 腰线在卫生间中的应用

图9.4 实木材踢脚线

图9.5 不锈钢踢脚线

图9.6 铝合金踢脚线

1.门窗套

门窗洞口的两个立边垂直面，也是室内细部装饰的重点之一，可以做成凸出外墙的边框，也可以与外墙平齐，这好比在门窗外罩上一个正规的套子，人们习惯称之为门窗套。门窗套的主要作用是保护墙体边缘和装饰，现在的家庭装修一般都包门窗套，难免雷同。如果门窗套、垭口和门能让木门厂家一起测量定做，这样会有很好的整体效果（图9.7）。

特别提示

如果设计的是石材窗台，要先安装窗台板然后再测量窗套。

图9.7　厂家定做的木门窗套效果

2.窗帘盒

窗帘盒分为明窗帘盒和暗窗帘盒。明窗帘盒整体外露，常采用的有通长窗帘盒和单个窗帘盒。一般是先加工成半成品，再到施工现场安装。暗窗帘盒的主要特点是与吊顶部分结合在一起，常见的有内藏式和外接式两种（图9.8为内藏式窗帘盒与吊顶的连接细部）。窗帘盒内净空宽度一般根据窗帘轨情况设定，一般单轨时净宽度为140mm，双轨时净宽度为200mm。窗帘盒的高度一般为140mm。窗帘盒的长度应比窗洞口宽度大360mm以上，以保证窗帘打开时不影响窗的采光面积。

制作窗帘盒的材料通常为木材，目前主要以人造板材为主，也有用塑料或铝合金等其他材料制作的。

3.窗台板

窗台板的制作材料一般有以下几种：木制窗台板、水泥窗台板、水磨石窗台板、天然石材窗台板和金属窗台板。

安装窗台板应在窗框安装完成后进行。窗台板的深度超过1500mm时，跨空窗台板应按设计要求设支架。图9.9为安装好的石材窗台板。

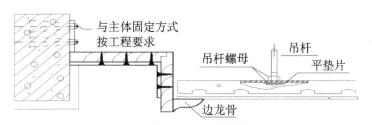

图9.8 内藏式窗帘盒与吊顶连接细部

图9.9 安装好的窗台板

9.1.3 散热器罩

散热器罩就是将暖气散热片做隐蔽包装的设施。最常用的处理方法就是制作暖气罩，再对暖气罩进行饰面处理，以提高室内装饰效果。常见的暖气罩有固定式和活动式两种。一般采用木质材料包封，立面罩运用木花格、百叶或其他镂空式图案进行装饰（图9.10）。

> **特别提示**
>
> 在室内设计过程中，需要设计师注重细节观察和设计，细节的好坏往往关系到整个空间效果的成败。

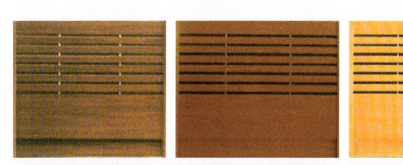

图9.10 木质散热器罩

9.2 后期配饰设计

后期配饰也叫软装饰，是与硬装饰相互衔接、不可或缺的一部分。搭配得当，会对室内空间的气氛起到画龙点睛的作用；搭配失当，会严重影响设计初衷，使空间杂乱无章。

9.2.1 艺术品

艺术品的内涵是非常丰富的，形式也是多样的。艺术品的配置主要由室内空间的用途和性质决定。例如在住宅室内设计中，艺术品与主人的文化、职业、身份、性别、兴趣、爱好、审美、文化背景等诸多因素有着密不可分的关系。也就是说室内的用途、性质、使用者个性的不同，决定了艺术品选择上的不同。

在室内环境中，艺术品数量的多少在很大程度上应由空间的大小、用途、性质来决定。决不是越多越好、越多越能体现艺术氛围，而应该力求以少胜多、精益求精、恰如其分，切忌烦琐、杂乱。一般来讲，主墙面、迎门的对面、写字台的前面、床的上空、沙发中间的墙面，都是陈设艺术品的好位置。

9.2.2 织物

1. 窗帘

窗是室内空间与外界交流沟通的眼睛，人们通过窗透视外面的世界，新鲜的空气、阳光也通过窗流通至室内。如果把窗比作房间的眼睛，那窗帘无疑就是眼睫，通过窗帘的色彩、图案、质地、样式等增添窗户的表情，塑造整个室内设计风格。在窗帘的选择上，最重要的是以下几点。

（1）选料。布料的质地对室内空间的风格和气氛有着重要的影响。一般情况下，薄透的材料使人觉得凉爽；粗实的质料使人觉得温暖；名贵的布料则会产生华丽的感觉。

（2）色彩。色彩对人的视觉产生最直观的影响。一般来说，深暗的色调会使人感到空间缩小，明亮的浅颜色则会使矮小的空间显得宽大舒展。暖色调给人温暖的感觉，冷色调则给人清爽的感觉（图9.11、图9.12）。色彩搭配应得当，或协调，或对比，而不宜太杂。

图9.11 暖色调色彩窗帘

图9.12 冷色调色彩窗帘

（3）窗帘形状与图案。窗帘的图案不论是选择几何抽象形状，还是采用自然景物图案，均应掌握简洁、明快、素雅的原则。

（4）款式。客厅或大房间的宽大窗户，窗帘以悬垂落地款式较为大方气派。比如气势豪华、顶天垂地的大幕式样，褶褶起伏，用布是窗户所在墙壁宽的2～3倍，适合于特大或较大窗户；柔和优美的掀帘式样的窗帘，可以掀向两侧，形成好看的弧线，也很适合大窗户；华贵脱俗、装饰性强的楣帘式样，可以遮去窗帘轨道及窗帘顶部和房顶的距离，室内更有整体性，适合较大的卧室和大厅。

> **特别提示**
>
> 选用恰当的窗帘悬挂款式，能够纠正窗户的不良比例，起到美化视觉的作用。例如，采用横图案窗帘，可使居室显宽，而竖图案窗帘会使居室"增高"。

2.床品

床品主要以居住建筑室内设计的审美效果为目的，同时起到防磨损、防油污、防灰尘的作用。现在床品的设计都在努力缔造自我风格，不少设计很注重流行色在床品中的运用，尽可能使床品带有时尚的气息。除了传统的花朵和几何图形外，暗花、净色、各种夸张的图案都纷纷出现在床品上。床品在材料与工艺上所运用的表现手法也更加多样，刺绣、平网印花、色织和不同布料搭配，展现出不同的个性（图9.13）。

图9.13 居室设计中富有个性的床品

3.地毯

地毯分为纯毛地毯、混纺地毯、合成纤维地毯、塑料地毯和植物纤维地毯。

地毯可以用来衬托摆设，挑选一张和壁纸、沙发、窗帘、桌巾等现有色调相近的地毯可以互相融合、互相衬托；如果希望有视觉冲击效果，可以选择色彩艳丽、对比强烈的地毯；面积较小、家具较多的空间，宜采用浅色或米色且图案简单的地毯，可使空间格局感觉变大且整齐。选择地毯主要宜从整体效果入手，注意与室内的环境氛围、装饰格调、色彩效果、家具样式、墙面图案等和谐。

图9.14　现代风格地毯

目前，市场上的地毯主要有现代风格、东方风格、欧洲风格等几类款式。

现代风格以几何图案、花卉图案、风景图案为主，适合与组合式、拼装式的家具协调搭配，具有现代装饰的韵味，并且具有与快节奏生活方式相吻合的格调，有较好的抽象效果和简洁明快的氛围（图9.14）。

东方风格的地毯，多与传统的中式家具相搭配，尤与明清家具、仿古家具、红木家具相配，更显典雅和古朴。对地毯的要求，则以装饰性强、图案优美、民族地域特色浓郁者为佳。

欧洲风格线条流畅、节奏感轻快，质地淳厚的表面，非常适合与西方传统风格家具相搭配，具有强烈的欧洲古典韵味和独特温馨的意境，气度不凡。

4．靠垫

靠垫放在床上可当枕头，垫在地上可当坐垫。靠垫除上述实用性外，其主要作用还在于点缀室内环境，活跃室内色彩气氛。因此，选择沙发靠垫时，应根据整个室内的布置情况来决定它的色彩、形状和图案。深色图案的靠垫雍容华贵，适合装饰豪华的家居；色彩对比鲜明的靠垫，适合现代风格的房间。暖色调的靠垫适合老人使用，冷色调的多为年轻人采用，卡通图案的靠垫则深受儿童的喜爱（图9.15）。

9.2.3　室内绿化

室内绿化配合整个室内空间的大小、色彩、风格等装饰和布置，使室内室外融为一体，体现动和静的结合，达到人、室内环境与大自然的和谐统一，使整个空间轻松活泼，富有情趣。另外，室内植物有滞留尘埃、吸收生活废气、释放和补充对人体有益的氧气、减轻噪音等作用。同时，现代建筑装饰多采用各种对人体有害的

图9.15　富有个性的靠垫

涂料，而植物具有较强的吸收和吸附有害物质的能力，可减轻人为造成的环境污染（图9.16）。

9.2.4 装饰画

所谓装饰画，是区别于书画收藏者手中的艺术珍品书画的现代产品。通常是在室内装修之后，家具到位之时才考虑装饰画的选择，是室内空间美化的"最后一笔"，应服从于室内装饰风格，与邻近的家具形成一种呼应和协调，起到真正为室内"添色"的效果。

1. 形式与内容统一

在面积较大的墙上，大多要挂1～5幅画，画框无论大小和形状如何，都要用相同的材料和相同的颜色，从而在形式上给人一种统一感，画面的内容也尽可能统一。

2. 不同的空间选择不同的画面

在不同的功能空间中，装饰画的选择也不同。例如在卧室中，画面内容以"人"为主题最适宜，人与"人"的交流能增添室内的温暖；客厅应以花鸟、山水画为主，这样会使环境显得更为明朗、清新（图9.17）；书房中，挂些书法则显出文雅之气；

图9.16　室内绿化

图9.17　客厅中的装饰画

在厨房和就餐区，挂些以蔬菜、瓜果为内容的装饰画，能够增强食欲；儿童房间里，最好挂上卡通画或孩子自己的画，以激励孩子的自信心和成长欲。

3. 画的布局要与室内协调

房间较大时，挂画可采取对称形式；较小的房间里可采取非对称形式。例如，客厅要庄重典雅，可以横向挂2～4幅画，以显示一种"大气"。卧室是个人的私密空间，挂画可以活泼些，高低错落、三角、菱形排列均可。如果家具是中国古典式的，应以国画为主；如果是现代式的，应以抽象画为主（图9.18）。在光线强的房间里可挂画面颜色重些的画，在光线较暗的房间里可挂色彩清新的画。

图9.18 装饰画的风格和布局与室内空间风格相协调

特别提示

居室内最好选择同种风格的装饰画，也可以偶尔使用一两幅风格截然不同的装饰画做点缀，但不可让人感觉眼花缭乱。如装饰画特别显眼，风格十分明显，具有强烈的视觉冲击力，应考虑是否为其改变周围的陈设环境。

知识链接

魔界网	http://www.bedck.com/
软装网	http://www.ruanz.com/
中国软装饰网	http://www.36rz.com/
中国室内设计网	http://www.ciid.com.cn/
中国建筑与室内设计师网	http://www.china-designer.com/index.asp

本章小结

本章讲述了室内细部的处理和后期配饰的主要内容和设计手法，它们使室内设计更加细致，更加丰富多彩。细部的处理和后期配饰是室内设计的一部分，更是缔造空间灵魂不可缺少的点睛之笔。

习 题

1. 选择题

    踢脚线的作用有（ ）。

    A．保护作用　　B．装饰美化　　C．分割空间　　D．渲染空间氛围

2. 简答题

    （1）列举踢脚线有哪些常见的材质。

    （2）试分析窗帘盒好还是罗马杆好，说明理由。并计出两种自己喜欢的窗帘及窗帘盒（或罗马杆）。

3. 案例分析题

    参照第3章中所述现代前卫风格的特征，为年龄为25岁、职业为动漫设计师的男性业主设计其单身公寓及其后期配饰。

参 考 文 献

[1] 郑曙炀. 室内设计程序[M]. 北京：中国建筑工业出版社，2005.

[2] 刘超英. 家装设计攻略：家装设计师核心能力解密[M]. 北京：中国电力出版社，2007.

[3] 张绮曼. 室内设计的风格样式与流派[M]. 北京：中国建筑工业出版社，2006.

[4] 李朝阳. 室内空间设计[M]. 北京：中国建筑工业出版社，2005.

[5] 陈红，米琪. 设计色彩[M]. 北京：中国水利水电出版社，2007.

[6] 潘谷西. 中国建筑史[M]. 北京：中国建筑工业出版社，2004.

[7] 张新荣. 建筑装饰简史[M]. 北京：中国建筑工业出版社，2000.

[8] 王受之. 世界现代建筑史[M]. 北京：中国建筑工业出版社，1999.

[9] 张绮曼，郑曙炀. 室内设计资料集[M]. 北京：中国建筑工业出版社，1994.

[10] 黄凯，杨林. 室内设计与应用[M]. 合肥：合肥工业大学出版社，2004.

[11] 来增祥，陆震纬. 室内设计原理（上、下）[M]. 北京：中国建筑工业出版社，1996.

[12] 陈易. 建筑室内设计[M]. 上海：同济大学出版社，2001.

[13] [美] 安·麦克阿德. 室内设计风格之简约主义[M]. 杨玮娣译. 北京：中国轻工业出版社，2002.

[14] 董万里. 环境艺术设计原理[M]. 重庆：重庆大学出版社，2003.

[15] 朱钟炎，王耀仁. 室内环境设计原理[M]. 上海：同济大学出版社，2003.

[16] 范涛，李跃红. 平面构成[M]. 北京：大象出版社，2007.

[17] 李芬，钱海月. 平面构成[M]. 重庆：重庆大学出版社，2007.

[18] 孔繁昌. 色彩构成[M]. 广州：广东高等教育出版社，2006.

[19] 常红兵. 立体构成[M]. 郑州：河南教育出版社，2007.

[20] 刘旭. 图解室内设计分析[M]. 北京：中国建筑工业出版社，2007.

[21] [英] 托姆莱斯·汤戈兹. 英国室内设计基础教程[M]. 杨敏燕译. 上海：上海人民美术出版社，2006.

[22] [美] 卡拉·珍·尼尔森，戴维·安·泰勒. 美国大学室内装饰设计教程[M]. 徐军华，熊佑忠译. 上海：上海人民美术出版社，2008.

[23] 田鲁主. 光环境设计[M]. 长沙：湖南大学出版社，2006.

[24] 吴蒙友. 建筑室内灯光环境设计[M]. 北京：中国建筑工业出版社，2007.

[25] 上海家具研究所. 家具设计手册[M]. 北京：中国轻工业出版社，1989.

[26] 李文彬. 建筑室内与家具设计人体工程学. 北京：中国林业出版社，2001.

[27] 孙亮. "乐从杯"家具设计大奖获奖作品集[M]. 北京：中国林业出版社，2002.

[28] 文健. 室内色彩、家具与陈设设计[M]. 北京：清华大学出版社，北京交通大学出版社，2007.

[29] 郑孝东. 手绘与室内设计[M]. 海口：南海出版公司，2004.

[30] http://www.iecool.com/ e库素材网.

[31] http://www.soufun.com/ 搜房网.

[32] http://www.photophoto.cn/ 图行天下.

[33] http://www.tuku.com.cn/ 图库网.

[34] http://home.focus.cn/ 焦点家居网.

北京大学出版社高职高专土建系列教材书目

序号	书名	书号	编著者	定价	出版时间	配套情况
	"互联网+"创新规划教材					
1	建筑构造(第二版)	978-7-301-26480-5	肖 芳	42.00	2016.1	ppt/APP/二维码
2	建筑装饰构造(第二版)	978-7-301-26572-7	赵志文等	39.50	2016.1	ppt/二维码
3	建筑工程概论	978-7-301-25934-4	申淑荣等	40.00	2015.8	ppt/二维码
4	市政管道工程施工	978-7-301-26629-8	雷彩虹	46.00	2016.5	ppt/二维码
5	市政道路工程施工	978-7-301-26632-8	张雪丽	49.00	2016.5	ppt/二维码
6	建筑三维平法结构图集	978-7-301-27168-1	傅华夏	65.00	2016.8	APP
7	建筑三维平法结构识图教程	978-7-301-27177-3	傅华夏	65.00	2016.8	APP
8	建筑工程制图与识图(第2版)	978-7-301-24408-1	白丽红	34.00	2016.8	APP/二维码
9	建筑设备基础知识与识图(第2版)	978-7-301-24586-6	靳慧征等	47.00	2016.8	二维码
10	建筑结构基础与识图	978-7-301-27215-2	周 晖	58.00	2016.9	APP/二维码
11	建筑构造与识图	978-7-301-27838-3	孙 伟	40.00	2017.1	APP/二维码
12	建筑工程制图与识图(第2版)	978-7-301-24408-1	白丽红	34.00	2016.8	APP/二维码
13	建筑工程施工技术(第三版)	978-7-301-27675-4	钟汉华等	66.00	2016.11	APP/二维码
14	工程建设监理案例分析教程(第二版)	978-7-301-27864-2	刘志麟等	50.00	2017.1	ppt
15	建筑工程质量与安全管理(第二版)	978-7-301-27219-0	郑 伟	55.00	2016.8	ppt/二维码
16	建筑工程计量与计价——透过案例学造价(第2版)	978-7-301-23852-3	张 强	59.00	2014.4	ppt
17	城乡规划原理与设计(原城市规划原理与设计)	978-7-301-27771-3	谭婧婧等	43.00	2017.1	ppt/素材
	"十二五"职业教育国家规划教材					
1	★建筑工程应用文写作(第2版)	978-7-301-24480-7	赵立等	50.00	2014.8	ppt
2	★土木工程实用力学(第2版)	978-7-301-24681-8	马景善	47.00	2015.7	ppt
3	★建设工程监理(第2版)	978-7-301-24490-6	斯 庆	35.00	2015.1	ppt/答案
4	★建筑节能工程与施工	978-7-301-24274-2	吴明军等	35.00	2015.5	ppt
5	★建筑工程经济(第2版)	978-7-301-24492-0	胡六星等	41.00	2014.9	ppt/答案
6	★建设工程招投标与合同管理(第3版)	978-7-301-24483-8	宋春岩	40.00	2014.9	ppt/答案/试题/教案
7	★工程造价概论	978-7-301-24696-2	周艳冬	31.00	2015.1	ppt/答案
8	★建筑工程计量与计价(第3版)	978-7-301-25344-1	肖明和等	65.00	2015.7	ppt
9	★建筑工程计量与计价实训(第3版)	978-7-301-25345-8	肖明和等	29.00	2015.7	ppt
10	★建筑装饰施工技术(第2版)	978-7-301-24482-1	王 军	37.00	2014.7	ppt
11	★工程地质与土力学(第2版)	978-7-301-24479-1	杨仲元	41.00	2014.7	ppt
	基础课程					
1	建设法规及相关知识	978-7-301-22748-0	唐茂华等	34.00	2013.9	ppt
2	建设工程法规(第2版)	978-7-301-24493-7	皇甫婧琪	40.00	2014.8	ppt/答案/素材
3	建筑工程法规实务	978-7-301-19321-1	杨陈慧等	43.00	2011.8	ppt
4	建筑法规	978-7-301-19371-6	董伟等	39.00	2011.9	ppt
5	建设工程法规	978-7-301-20912-7	王先恕	32.00	2012.7	ppt
6	AutoCAD 建筑制图教程(第2版)	978-7-301-21095-6	郭 慧	38.00	2013.3	ppt/素材
7	AutoCAD 建筑绘图教程(第2版)	978-7-301-24540-8	唐英敏等	44.00	2014.7	ppt
8	建筑CAD项目教程(2010版)	978-7-301-20979-0	郭 慧	38.00	2012.9	素材
9	建筑工程专业英语(第二版)	978-7-301-26597-0	吴承霞	24.00	2016.2	ppt
10	建筑工程专业英语	978-7-301-20003-2	韩薇等	24.00	2012.2	ppt
11	建筑识图与构造(第2版)	978-7-301-23774-8	郑贵超	40.00	2014.2	ppt/答案
12	房屋建筑构造	978-7-301-19883-4	李少红	26.00	2012.1	ppt
13	建筑识图	978-7-301-21893-8	邓志勇等	35.00	2013.1	ppt
14	建筑识图与房屋构造	978-7-301-22860-9	贠禄等	54.00	2013.9	ppt/答案
15	建筑构造与设计	978-7-301-23506-5	陈玉萍	38.00	2014.1	ppt/答案
16	房屋建筑构造	978-7-301-23588-1	李元玲等	45.00	2014.1	ppt
17	房屋建筑构造习题集	978-7-301-26005-0	李元玲	26.00	2015.8	ppt/答案
18	建筑构造与施工图识读	978-7-301-24470-8	南学平	52.00	2014.8	ppt
19	建筑工程识图实训教程	978-7-301-26057-9	孙伟	32.00	2015.12	
20	建筑工程制图与识图(第2版)	978-7-301-24408-1	白丽红	34.00	2016.8	APP/二维码
21	建筑制图习题集(第2版)	978-7-301-24571-2	白丽红	25.00	2014.8	
22	建筑制图(第2版)	978-7-301-21146-5	高丽荣	32.00	2013.3	ppt
23	建筑制图习题集(第2版)	978-7-301-21288-2	高丽荣	28.00	2013.2	
24	◎建筑工程制图(第2版)(附习题册)	978-7-301-21120-5	肖明和	48.00	2012.8	ppt

序号	书名	书号	编著者	定价	出版时间	配套情况
25	建筑制图与识图(第2版)	978-7-301-24386-2	曹雪梅	38.00	2015.8	ppt
26	建筑制图与识图习题册	978-7-301-18652-7	曹雪梅等	30.00	2011.4	
27	建筑制图与识图(第二版)	978-7-301-25834-7	李元玲	32.00	2016.9	ppt
28	建筑制图与识图习题集	978-7-301-20425-2	李元玲	24.00	2012.3	ppt
29	新编建筑工程制图	978-7-301-21140-3	方筱松	30.00	2012.8	ppt
30	新编建筑工程制图习题集	978-7-301-16834-9	方筱松	22.00	2012.8	
	建筑施工类					
1	建筑工程测量	978-7-301-16727-4	赵景利	30.00	2010.2	ppt/答案
2	建筑工程测量(第2版)	978-7-301-22002-3	张敬伟	37.00	2013.2	ppt/答案
3	建筑工程测量实验与实训指导(第2版)	978-7-301-23166-1	张敬伟	27.00	2013.9	答案
4	建筑工程测量	978-7-301-19992-3	潘益民	38.00	2012.2	
5	建筑工程测量	978-7-301-13578-5	王金玲等	26.00	2008.5	
6	建筑工程测量实训(第2版)	978-7-301-24833-1	杨凤华	34.00	2015.3	答案
7	建筑工程测量(附实验指导手册)	978-7-301-19364-8	石 东等	43.00	2011.10	ppt/答案
8	建筑工程测量	978-7-301-22485-4	景 铎等	34.00	2013.6	ppt
9	建筑施工技术(第2版)	978-7-301-25788-7	陈雄辉	48.00	2015.7	ppt
10	建筑施工技术	978-7-301-12336-2	朱永祥等	38.00	2008.8	ppt
11	建筑施工技术	978-7-301-16726-7	叶 雯等	44.00	2010.8	ppt/素材
12	建筑施工技术	978-7-301-19499-7	董 伟等	42.00	2011.9	ppt
13	建筑施工技术	978-7-301-19997-8	苏小梅	38.00	2012.1	ppt
14	建筑施工机械	978-7-301-19365-5	吴志强	30.00	2011.10	ppt
15	基础工程施工	978-7-301-20917-2	董 伟等	35.00	2012.7	ppt
16	建筑施工技术实训(第2版)	978-7-301-24368-8	周晓龙	30.00	2014.7	
17	◎建筑力学(第2版)	978-7-301-21695-8	石立安	46.00	2013.1	
18	土木工程力学	978-7-301-16864-6	吴明军	38.00	2010.4	ppt
19	PKPM软件的应用(第2版)	978-7-301-22625-4	王 娜等	34.00	2013.6	
20	◎建筑结构(第2版)(上册)	978-7-301-21106-9	徐锡权	41.00	2013.4	ppt/答案
21	◎建筑结构(第2版)(下册)	978-7-301-22584-4	徐锡权	42.00	2013.6	ppt/答案
22	建筑结构学习指导与技能训练(上册)	978-7-301-25929-0	徐锡权	28.00	2015.8	ppt
23	建筑结构学习指导与技能训练(下册)	978-7-301-25933-7	徐锡权	28.00	2015.8	ppt
24	建筑结构	978-7-301-19171-2	唐春平等	41.00	2011.8	ppt
25	建筑结构基础	978-7-301-21125-0	王中发	36.00	2012.8	ppt
26	建筑结构原理及应用	978-7-301-18732-6	史美东	45.00	2012.8	ppt
27	建筑结构与识图	978-7-301-26935-0	相秉志	37.00	2016.2	
28	建筑力学与结构(第2版)	978-7-301-22148-8	吴承霞等	49.00	2013.4	ppt/答案
29	建筑力学与结构(少学时版)	978-7-301-21730-6	吴承霞	34.00	2013.2	ppt/答案
30	建筑力学与结构	978-7-301-20988-2	陈水广	32.00	2012.8	ppt
31	建筑力学与结构	978-7-301-23348-1	杨丽君等	44.00	2014.1	ppt
32	建筑结构与施工图	978-7-301-22188-4	朱希文等	35.00	2013.3	ppt
33	生态建筑材料	978-7-301-19588-2	陈剑峰等	38.00	2011.10	ppt
34	建筑材料(第2版)	978-7-301-24633-7	林祖宏	35.00	2014.8	ppt
35	建筑材料与检测(第2版)	978-7-301-25347-2	梅 杨等	33.00	2015.2	ppt/答案
36	建筑材料检测试验指导	978-7-301-16729-8	王美芬等	18.00	2010.10	
37	建筑材料与检测(第二版)	978-7-301-26550-5	王 辉	40.00	2016.1	ppt
38	建筑材料与检测试验指导	978-7-301-20045-2	王 辉	20.00	2012.2	ppt
39	建筑材料选择与应用	978-7-301-21948-5	申淑荣等	39.00	2013.3	ppt
40	建筑材料检测实训	978-7-301-22317-8	申淑荣等	24.00	2013.4	
41	建筑材料	978-7-301-24208-7	任晓菲等	40.00	2014.7	ppt/答案
42	建筑材料检测试验指导	978-7-301-24782-2	陈东佐等	20.00	2014.9	ppt
43	◎建设工程监理概论(第2版)	978-7-301-20854-0	徐锡权等	43.00	2012.8	ppt/答案
44	建设工程监理概论	978-7-301-15518-9	曾庆军等	24.00	2009.9	ppt
45	◎地基与基础(第2版)	978-7-301-23304-7	肖明和等	42.00	2013.11	ppt/答案
46	地基与基础	978-7-301-16130-2	孙平平等	26.00	2010.10	ppt
47	地基与基础实训	978-7-301-23174-6	肖明和等	25.00	2013.10	ppt
48	土力学与地基基础	978-7-301-23675-8	叶火炎等	35.00	2014.1	ppt
49	土力学与基础工程	978-7-301-23590-4	宁培淋等	32.00	2014.1	ppt
50	土力学与地基基础	978-7-301-25525-4	陈东佐等	45.00	2015.2	ppt/答案
51	建筑工程质量事故分析(第2版)	978-7-301-22467-0	郑文新	32.00	2013.9	ppt
52	建筑工程施工组织设计	978-7-301-18512-4	李源清	26.00	2011.2	ppt
53	建筑工程施工组织实训	978-7-301-18961-0	李源清	40.00	2011.6	ppt
54	建筑施工组织与进度控制	978-7-301-21223-3	张廷瑞	36.00	2012.9	ppt
55	建筑施工组织项目式教程	978-7-301-19901-5	杨红玉	44.00	2012.1	ppt/答案

序号	书名	书号	编著者	定价	出版时间	配套情况
56	钢筋混凝土工程施工与组织	978-7-301-19587-1	高 雁	32.00	2012.5	ppt
57	钢筋混凝土工程施工与组织实训指导(学生工作页)	978-7-301-21208-0	高 雁	20.00	2012.9	ppt
58	建筑施工工艺	978-7-301-24687-0	李源清等	49.50	2015.1	ppt/答案
	工 程 管 理 类					
1	建筑工程经济(第2版)	978-7-301-22736-7	张宁宁等	30.00	2013.7	ppt/答案
2	建筑工程经济	978-7-301-24346-6	刘晓丽等	38.00	2014.7	ppt/答案
3	施工企业会计(第2版)	978-7-301-24434-0	辛艳红等	36.00	2014.7	ppt/答案
4	建筑工程项目管理(第2版)	978-7-301-26944-2	范红岩等	42.00	2016.3	ppt/答案
5	建设工程项目管理(第2版)	978-7-301-24683-2	王 辉	36.00	2014.9	ppt/答案
6	建设工程项目管理	978-7-301-19335-8	冯松山等	38.00	2011.9	ppt
7	建筑施工组织与管理(第2版)	978-7-301-22149-5	翟丽旻等	43.00	2013.4	ppt/答案
8	建设工程合同管理	978-7-301-22612-4	刘庭江	46.00	2013.6	ppt/答案
9	建筑工程资料管理	978-7-301-17456-2	孙 刚等	36.00	2012.9	ppt
10	建筑工程招投标与合同管理	978-7-301-16802-8	程超胜	30.00	2012.9	ppt
11	工程招投标与合同管理实务	978-7-301-19035-7	杨甲奇等	48.00	2011.8	ppt
12	工程招投标与合同管理实务	978-7-301-19290-0	郑文新等	43.00	2011.8	ppt
13	建设工程招投标与合同管理实务	978-7-301-20404-7	杨云会等	42.00	2012.4	ppt/答案/习题
14	工程招投标与合同管理	978-7-301-17455-5	文新平	37.00	2012.9	ppt
15	工程项目招投标与合同管理(第2版)	978-7-301-24554-5	李洪军等	42.00	2014.8	ppt/答案
16	工程项目招投标与合同管理(第2版)	978-7-301-22462-5	周艳冬	35.00	2013.7	ppt
17	建筑工程商务标编制实训	978-7-301-20804-5	钟振宇	35.00	2012.7	ppt
18	建筑工程安全管理(第2版)	978-7-301-25480-6	宋 健等	42.00	2015.8	ppt/答案
19	施工项目质量与安全管理	978-7-301-21275-2	钟汉华	45.00	2012.10	ppt/答案
20	工程造价控制(第2版)	978-7-301-24594-1	斯 庆	32.00	2014.8	ppt/答案
21	工程造价管理(第二版)	978-7-301-27050-9	徐锡权等	44.00	2016.5	ppt
22	工程造价控制与管理	978-7-301-19366-2	胡新萍等	30.00	2011.11	ppt
23	建筑工程造价管理	978-7-301-20360-6	柴 琦等	27.00	2012.3	ppt
24	建筑工程造价管理	978-7-301-15517-2	李茂英等	24.00	2009.9	
25	工程造价案例分析	978-7-301-22985-9	甄 凤	30.00	2013.8	ppt
26	建设工程造价控制与管理	978-7-301-24273-5	胡芳珍等	38.00	2014.6	ppt/答案
27	◎建筑工程造价	978-7-301-21892-1	孙咏梅	40.00	2013.2	ppt
28	建筑工程计量与计价	978-7-301-26570-3	杨建林	46.00	2016.1	ppt
29	建筑工程计量与计价综合实训	978-7-301-23568-3	龚小兰	28.00	2014.1	
30	建筑工程估价	978-7-301-22802-9	张 英	43.00	2013.8	ppt
31	安装工程计量与计价(第3版)	978-7-301-24539-2	冯 钢等	54.00	2014.8	ppt
32	安装工程计量与计价综合实训	978-7-301-23294-1	成春燕	49.00	2013.10	素材
33	建筑安装工程计量与计价	978-7-301-26004-3	景巧玲等	56.00	2016.1	ppt
34	建筑安装工程计量与计价实训(第2版)	978-7-301-25683-1	景巧玲等	36.00	2015.7	
35	建筑水电安装工程计量与计价(第二版)	978-7-301-26329-7	陈连姝	51.00	2016.1	ppt
36	建筑与装饰装修工程工程量清单(第2版)	978-7-301-25753-1	翟丽旻等	36.00	2015.5	ppt
37	建筑工程清单编制	978-7-301-19387-7	叶晓容	24.00	2011.8	ppt
38	建设项目评估	978-7-301-20068-1	高志云等	32.00	2012.2	ppt
39	钢筋工程清单编制	978-7-301-20114-5	贾莲英	36.00	2012.2	ppt
40	混凝土工程清单编制	978-7-301-20384-2	顾 娟	28.00	2012.5	ppt
41	建筑装饰工程预算(第2版)	978-7-301-25801-9	范菊雨	44.00	2015.7	ppt
42	建筑装饰工程计量与计价	978-7-301-20055-1	李茂英等	42.00	2012.2	ppt
43	建设工程安全监理	978-7-301-20802-1	沈万岳	28.00	2012.7	ppt
44	建筑工程安全技术与管理实务	978-7-301-21187-8	沈万岳	48.00	2012.9	ppt
	建 筑 设 计 类					
1	中外建筑史(第2版)	978-7-301-23779-3	袁新华等	38.00	2014.2	ppt
2	◎建筑室内空间历程	978-7-301-19338-9	张伟孝	53.00	2011.8	
3	建筑装饰CAD项目教程	978-7-301-20950-9	郭 慧	35.00	2013.1	ppt/素材
4	建筑设计基础	978-7-301-25961-0	周圆圆	42.00	2015.7	
5	室内设计基础	978-7-301-15613-1	李书青	32.00	2009.8	ppt
6	建筑装饰材料(第2版)	978-7-301-22356-7	焦 涛等	34.00	2013.5	
7	设计构成	978-7-301-15504-2	戴碧锋	30.00	2009.8	ppt
8	基础色彩	978-7-301-16072-5	张 军	42.00	2010.4	
9	设计色彩	978-7-301-21211-0	龙黎黎	46.00	2012.9	ppt
10	设计素描	978-7-301-22391-8	司马金桃	29.00	2013.4	ppt
11	建筑素描表现与创意	978-7-301-15541-7	于修国	25.00	2009.8	
12	3ds Max 效果图制作	978-7-301-22870-8	刘 晗等	45.00	2013.7	ppt

序号	书名	书号	编著者	定价	出版时间	配套情况
13	3ds max 室内设计表现方法	978-7-301-17762-4	徐海军	32.00	2010.9	
14	Photoshop 效果图后期制作	978-7-301-16073-2	脱忠伟等	52.00	2011.1	素材
15	3ds Max & V-Ray 建筑设计表现案例教程	978-7-301-25093-8	郑恩峰	40.00	2014.12	ppt
16	建筑表现技法	978-7-301-19216-0	张 峰	32.00	2011.8	ppt
17	建筑速写	978-7-301-20441-2	张 峰	30.00	2012.4	
18	建筑装饰设计	978-7-301-20022-3	杨丽君	36.00	2012.2	ppt/素材
19	装饰施工读图与识图	978-7-301-19991-6	杨丽君	33.00	2012.5	ppt
规 划 园 林 类						
1	居住区景观设计	978-7-301-20587-7	张群成	47.00	2012.5	ppt
2	居住区规划设计	978-7-301-21031-4	张 燕	48.00	2012.8	
3	园林植物识别与应用	978-7-301-17485-2	潘利等	34.00	2012.9	ppt
4	园林工程施工组织管理	978-7-301-22364-2	潘利等	35.00	2013.4	
5	园林景观计算机辅助设计	978-7-301-24500-2	于化强等	48.00	2014.8	
6	建筑·园林·装饰设计初步	978-7-301-24575-0	王金贵	38.00	2014.10	ppt
房 地 产 类						
1	房地产开发与经营(第2版)	978-7-301-23084-8	张建中等	33.00	2013.9	ppt/答案
2	房地产估价(第2版)	978-7-301-22945-3	张 勇等	35.00	2013.9	ppt/答案
3	房地产估价理论与实务	978-7-301-19327-3	褚菁晶	35.00	2011.8	ppt/答案
4	物业管理理论与实务	978-7-301-19354-9	裴艳慧	52.00	2011.9	
5	房地产测绘	978-7-301-22747-3	唐春平	29.00	2013.7	
6	房地产营销与策划	978-7-301-18731-9	应佐萍	42.00	2012.8	
7	房地产投资分析与实务	978-7-301-24832-4	高志云	35.00	2014.9	ppt
8	物业管理实务	978-7-301-27163-6	胡大见	44.00	2016.6	
9	房地产投资分析	978-7-301-27529-0	刘永胜	47.00	2016.9	ppt
市 政 与 路 桥						
1	市政工程施工图案例图集	978-7-301-24824-9	陈亿琳	43.00	2015.3	pdf
2	市政工程计量与计价(第2版)	978-7-301-20564-8	郭良娟等	42.00	2012.8	ppt
3	市政工程计价	978-7-301-22117-4	彭以舟等	39.00	2013.3	ppt
4	市政桥梁工程	978-7-301-16688-8	刘 江等	42.00	2010.8	ppt/素材
5	市政工程材料	978-7-301-22452-6	郑晓国	37.00	2013.5	ppt
6	道桥工程材料	978-7-301-21170-0	刘水林等	43.00	2012.9	ppt
7	路基路面工程	978-7-301-19299-3	偶昌宝等	34.00	2011.8	ppt/素材
8	道路工程技术	978-7-301-19363-1	刘 雨等	33.00	2011.12	ppt
9	城市道路设计与施工	978-7-301-21947-8	吴颖峰	39.00	2013.1	ppt
10	建筑给排水工程技术	978-7-301-25224-6	刘 芳等	46.00	2014.12	ppt
11	建筑给水排水工程	978-7-301-20047-6	叶巧云	38.00	2012.2	ppt
12	市政工程测量(含技能训练手册)	978-7-301-20474-0	刘宗波等	41.00	2012.5	ppt
13	公路工程任务承揽与合同管理	978-7-301-21133-5	邱 兰等	30.00	2012.9	ppt/答案
14	数字测图技术应用教程	978-7-301-20334-7	刘宗波	36.00	2012.8	ppt
15	数字测图技术	978-7-301-22656-8	赵 红	36.00	2013.6	ppt
16	数字测图技术实训指导	978-7-301-22679-7	赵 红	27.00	2013.6	ppt
17	水泵与水泵站技术	978-7-301-22510-3	刘振华	40.00	2013.5	ppt
18	道路工程测量(含技能训练手册)	978-7-301-21967-6	田树涛等	45.00	2013.2	ppt
19	道路工程识图与 AutoCAD	978-7-301-26210-8	王容玲等	35.00	2016.1	
交 通 运 输 类						
1	桥梁施工与维护	978-7-301-23834-9	梁 斌	50.00	2014.2	ppt
2	铁路轨道施工与维护	978-7-301-23524-9	梁 斌	36.00	2014.1	ppt
3	铁路轨道构造	978-7-301-23153-1	梁 斌	32.00	2013.10	
建 筑 设 备 类						
1	建筑设备识图与施工工艺(第2版)(新规范)	978-7-301-25254-3	周业梅	44.00	2015.12	ppt
2	建筑施工机械	978-7-301-19365-5	吴志强	30.00	2011.10	ppt
3	智能建筑环境设备自动化	978-7-301-21090-1	余志强	40.00	2012.8	ppt
4	流体力学及泵与风机	978-7-301-25279-6	王 宁等	35.00	2015.1	ppt/答案

注：★为"十二五"职业教育国家规划教材；◎为国家级、省级精品课程配套教材，省重点教材；🌈为"互联网+"创新规划教材。

相关教学资源如电子课件、电子教材、习题答案等可以登录 www.pup6.com 下载或在线阅读。如您需要样书用于教学，欢迎登录第六事业部门户(www.pup6.cn)申请，并可在线登记选题来出版您的大作，也可下载相关表格填写后发到我们的邮箱，我们将及时与您取得联系并做好全方位的服务。

联系方式：010-62756290，010-62750667，85107933@qq.com，pup_6@163.com，欢迎来电来信咨询。网址：http://www.pup.cn, http://www.pup6.cn